输电线路典型故障案例分析及预防

张逸群　李海星　主编

中国电力出版社
CHINA ELECTRIC POWER PRESS

内 容 提 要

本书以图文并茂的方式，介绍输电线路各种常见典型故障的分析处理过程和预防措施。全书共四章，分别为杆塔及基础典型故障分析与防范、导线及地线典型故障分析与防范、绝缘子典型故障分析与防范、金具及其他典型故障分析与防范。本书通俗易懂，针对性强，所述内容都配有相应的现场照片，所举案例具有一定的普遍性和典型性，是一本实用的科技书。

本书可供输电线路运行、检修、维护人员日常学习和现场分析时使用，也可供供电企业输电工程技术人员及相关管理人员参考。

图书在版编目（CIP）数据

输电线路典型故障案例分析及预防/张逸群，李海星主编.—北京：中国电力出版社，2012.7（2023.5 重印）
ISBN 978 - 7 - 5123 - 3039 - 9

Ⅰ.①输…　Ⅱ.①张…②李…　Ⅲ.①输电线路 - 电力系统运行 - 故障修复　Ⅳ.①TM726

中国版本图书馆 CIP 数据核字（2012）第 097620 号

中国电力出版社出版、发行

（北京市东城区北京站西街 19 号　100005　http://www.cepp.sgcc.com.cn）
北京瑞禾彩色印刷有限公司印刷
各地新华书店经售

*

2012 年 7 月第一版　　2023 年 5 月北京第四次印刷
710 毫米×1000 毫米　16 开本　10 印张　167 千字
印数 6001—6500 册　　定价 **40.00** 元

《输电线路典型故障案例分析及预防》

编　委　会

序

　　输电线路是电网的重要组成部分，由于其暴露在野外，长期受到风吹日晒、严冬酷暑、污秽侵袭、雷电冲击及外部环境的影响，随时可能导致线路故障，影响安全供电，严重时将会导致大面积停电事故。因此，深入研究和分析输电线路各类典型故障的特点和机理，有针对性地采取防范措施，对于输电线路突发故障的快速查找、消除隐患，增强电网抵御自然灾害的能力和提高安全运行水平具有十分重要的意义。

　　《输电线路典型故障案例分析及预防》以输电设备典型故障的分析、处理及预防为主线，按照国家电网公司输电线路专业故障分类方法进行分类，精选具有代表性的 59 个典型案例和 100 余幅故障现场照片及试验数据，图文并茂，科学比对，精确分析，依规判定，从专业技术管理人员的视角，研究故障发生原因、分析缺陷发展过程及后续处理，并有针对性地提出了预防措施。

　　本书的出版，是对输电线路常见各种故障的规范分类、系统分析和总结，必将有助于推动职工的学习和培训，有助于提高线路技术和管理人员对故障的分析判断能力，有助于促进输电设备状态检修的全面开展，进而有助于提高输电线路运行维护和管理水平。

　　本书编写人员论述严谨，分析细致，几经审改最终定稿。在此，我谨对所有支持和参与本书编写工作的同志表示敬意。希望有更多的同志在工作中善于总结、发现规律、未雨绸缪、超前防范，为电网安全运行贡献更大的力量。

葛国平

2011 年 11 月

前　言

　　架空输电线路是一个开放的系统，长期暴露在野外，点多面广，运行中经常受到污秽飘尘、大风、冰雪、大雾、大雨、高温、雷击、鸟害、外力破坏等因素的干扰和影响，随时可能引起线路跳闸。发生故障的原因往往比较复杂，受自然环境、微气象、外力、设备质量、施工工艺等诸多因素影响，其故障特征往往也比较模糊，发生故障时，很难快速、准确分析判断出故障原因，及时从根本上消除，恢复电网安全稳定运行。

　　本书按照国家电网公司输电线路专业故障分类统计方法编写目录提纲，通过大量的实际典型案例和图片，阐述各种可能引起线路故障的原因，并结合故障动作情况、现场实况、周边环境和天气等辅助信息，对输电线路各种常见典型故障特征进行分析和推断，找出引起线路故障的真正原因，并从技术、方法和管理等多方面提出、总结和归纳了一系列有针对性的防治措施，供输电线路运行维护和技术管理部门参考。

　　本书在编写过程中得到了各级领导的大力支持，书中大量的照片凝聚了现场运行、检修技术人员和管理人员的心血，借此对各级领导、各兄弟单位和各位同仁表示感谢。

　　由于编者水平有限，书中难免存在疏漏之处，恳请广大读者批评指正。

编　者

2011 年 10 月

目　录

第一章

杆 塔 及 基 础

第一节 大风造成杆塔故障

一、大风造成杆塔倾倒故障

（一）案例简介

2009 年 4 月 14 日 14 时 50 分，某供电公司负责维护的 220kV ××线双高频保护动作跳闸，A 相动作，跳三相，重合失败，故障测距距离 220kV ××变电站 7.4km，根据测距显示推算故障点应在 220kV ××线 34~36 号杆之间。运行负责人在接到线路跳闸指令后，立即组织运行巡视人员进行现场巡视，巡视发现处于山区半山腰一侧的 220kV ××线 36 号杆杆塔倾倒，造成导地线严重受损，导线未断线。

（二）基本情况

1. 线路概况

220kV ××线导线型号为 LGJ-300/40，地线型号为 GJ-50，该线路于 1991 年 7 月建成投入运行。220kV ××线是一条某重要用户主供电源线路，故障前一直处于正常运行状态。

2. 天气及环境情况

220kV ××线故障时天气阴，有阵雨，在线风速仪监测到山口风力瞬时达 8~9 级，东南风向，无雷电活动；220kV ××线路位于山区，线路呈东北西南走向，运行环境温度在 -4~12℃，该线路在年最低气温情况下未发生过覆冰现象，但在最大风速情况下发生过导线舞动情况。

3. 现场情况

资料显示：220kV××线36号杆塔为直线铁塔，该基铁塔呼称高为28m，水平档距636m，垂直档距674m，线路最大设计风速为28m/s。

实况观测：故障的36号杆塔位于一个平整的小山坡上，在垂直于故障的36号杆塔西南边大约200m处有一座大型采石场，并与相邻的一座山头形成一个风口，该线路的37号至38号一档导线有一处交叉跨越线路。

倾倒的36号杆塔如图1-1所示。

图1-1　倾倒的36号杆塔

（三）原因分析

1. 初步原因分析

（1）采石区炸石损伤杆塔塔材造成36号杆塔倾倒。

（2）相邻交叉跨越线路压迫该线路使杆塔承重荷载超过自身设计承载力，造成36号杆塔倾倒。

（3）遭受外力破坏（偷盗杆塔角铁）造成36号杆塔倾倒。

（4）导线覆冰或导线舞动断线造成36号杆塔倾倒。

（5）塔材的材质不能满足要求，由于瞬时风力过大，超过了杆塔所能承受的极限负荷，造成杆塔倾倒。

2. 可能性分析

（1）现场距36号杆塔东南方向约200m处有一采石场，现场询问当地村民和到采石场了解到，近期采石场未进行放炮炸石作业，且故障杆塔未发现遭受炸石撞击、相邻导、地线未出现炸伤断股现象，排除因采石场炸石造成铁塔倾倒的可能。

（2）经过现场勘查，37～38号档内存在一条交叉跨越线路，且未发生故障压迫该线路，不具备因跨越而造成铁塔受力超过荷载倾倒的可能性。

（3）现场对36号铁塔本体进行察看，未发现缺少角铁部件的情况，铁塔螺栓连接齐全，也未发现人为破坏痕迹，现场不存在外力破坏杆塔现象。

（4）36号铁塔在倾倒后绝缘子串以及导地线连接完好，若因导线断线造成杆塔倾倒，倾倒方向应为顺线路方向，而现场铁塔的倾倒方向为横线路方向，排除因导线断线使铁塔受力不均而造成倾倒的可能。

（5）对塔材规格及材质进行分析，其规格满足设计要求，出厂合格证等相关材料齐全；对塔材断口处进行观测，未发现夹灰、砂眼等材质问题。综合当时的气象条件：天气阴，有阵雨，在线风速仪监测到山口风力达31m/s，风向与线路夹角接近80°，超过该线路最大设计风速，36号铁塔在持续超风速横向力的作用下，造成铁塔横向倾斜，局部塔材从螺栓孔处撕裂导致整体倒塔。螺栓孔被撕裂的塔材如图1-2所示。因此判定：横向超设计大风是造成杆塔倾倒的主要原因。

图1-2　螺栓孔被撕裂的塔材

（四）暴露问题

（1）杆塔在设计时对运行环境（比如风速）等因素考虑不到位，对杆塔强度是否能满足环境运行的要求存在偏差。

（2）特殊天气环境下对线路运行巡视监控不到位。

（3）对特殊区域线路缺少监控手段和有效安全防范措施。

（五）处理及预防措施

1. 处理情况

220kV ××线路36号杆倒杆事件发生后，该供电公司立即启动输电线路倒杆现场处置方案，组织抢修人员和应急抢修塔等物资，经过近10h的紧急修复工作，通过临时架设的应急抢修塔，于15日24时36分恢复了线路正常供电状态。

2. 预防措施

（1）在线路规划设计时，加强对特殊区域现场微气象信息收集和论证，提高线路设计安全系数，确保线路满足实际运行环境要求。

（2）严格控制施工阶段的质量管理。对施工材料选取、施工工艺要求、验收投运进行全过程质量控制，防止出现在铁塔组立过程中使用含有隐性缺陷的塔材以及损伤变形的塔材。

（3）加大对特殊区域输电线路的重点巡视、检测力度，必要时对杆塔进行加固，确保电网安全稳定运行。

二、大风造成杆塔倾斜故障

（一）案例简介

××年7月8日14时11分，某公司线路工区巡线员在防汛期间对220kV ××线进行特殊巡视时，发现220kV ××线53号杆塔向右侧发生倾斜（面向大号侧），其倾斜角度接近30°，该杆塔的左侧是一座小山坡，右侧紧邻一条公路。

（二）基本情况

1. 线路概况

220kV ××线导线型号为LGJ-240/35，地线型号为GJ-40，于1986年3月建成投入运行。该线路是某县供电公司的一条主供电源线路，担负着全县近70%的电力供应，线路于汛期来临前刚经过全面的安全隐患排查和处缺，运行情况良好。

2. 天气及环境情况

7月5~7日，该线路故障区域段连续受到大风和暴雨的侵袭。

220kV ××线53号故障杆塔区域线段呈东西走向，杆塔上装有风速在线监测装置，风向与线路夹角接近10°，三天内监测到山口瞬时最大风力达26m/s。该线路走廊贯穿山区与丘陵狭长风口地带，地质结构复杂。

3. 现场情况

资料显示：220kV ××线号 53 杆塔为直线铁塔，该基铁塔呼称高为 32.5m，水平档距 526m，最大设计风速为 28m/s。

实况观测：故障杆塔位置处于山坡下风口位置，右侧有一条小河，河右边是一条公路，该基杆塔基础一侧受到山洪的冲刷，造成右前基础局部外露。

倾斜的 53 号杆塔如图 1 – 3 所示。

图 1 – 3 倾斜的 53 号杆塔

（三）原因分析

1. 初步原因分析

（1）杆塔基础旁挖沙取土造成杆塔基础位移引起杆塔倾斜。

（2）连日暴雨冲刷杆塔基础，并在大风作用下造成杆塔倾斜。

2. 可能性分析

（1）220kV ××线 53 号杆塔一侧是山坡，另一侧虽紧靠一条小河渠和公路，但从现场观察情况来看，没有发现挖沙取土的痕迹，因此排除由于挖沙取土造成杆塔倾斜的可能。

（2）现场检查发现，故障前连日暴雨产生的洪水对该基础一侧冲刷严重，造成右侧前方基础外露和局部悬空状态，使基础承载力减弱，由于该线路位于山区与丘陵狭长风口地带，在大风作用下该基铁塔顺线路倾斜。

因此判定：基础连日受暴雨冲刷，在大风作用下造成杆塔倾斜。

（四）暴露问题

（1）前期防汛巡视检查已发现该基础有被洪水冲刷可能的隐患，但未及时采取有效防范措施。

（2）设备运行维护单位对线路运行中存在的危险因素认识不够，对在可能出现的自然灾害未能作有效的分析、评估和判断，对突发事件预见性不强，防范措施不到位。

（五）处理及预防措施

1. 处理情况

（1）杆塔倾斜事件发生后，该公司立即启动现场应急处置方案，并协调省调度对该线路停电，组织安监、生计、运行单位等应急抢修人员和应急物资，对倾斜杆塔进行抢修处理。

（2）应急抢修人员利用抱杆抬升杆塔基础的方法对基础周边进行夯实和加固处理，使线路恢复正常运行状态。

2. 预防措施

（1）在汛期等特殊季节来临前，全面做好输电线路隐患排查治理工作，发现隐患提前采取有效防范措施，做到排查到位、防范到位。

（2）在汛期等特殊季节期间，对特殊区域输电线路进行重点巡视、检测，发现问题及时采取措施，避免事故进一步扩大。

（3）对线路特殊区域加装视频在线监测装置，提高特殊区域的线路动态在线监控能力。

第二节　洪水冲刷故障

一、洪水造成杆塔倾倒故障

（一）案例简介

××年8月2日15时57分，110kV ×× Ⅰ回线路跳闸，重合失败。某公司线路运行维护单位立即组织人员对该线路进行全线巡查，巡查中发现110kV ×× Ⅰ回线250、251号杆浸泡在河道内洪水中，250号杆塔受损严重，251号杆倾倒。

（二）基本情况

1. 线路概况

110kV ××线为双回线路，线路建于1973年2月，导线型号为LGJ-185/35，地线型号为GJ-35，两端大部分线路为同塔运行，中间一段由于受到地形限制的影响，Ⅰ、Ⅱ回线分杆塔运行。

2. 天气及环境状况

故障发生的前一天，当地气象台发布了暴雨红色预警，当天即降特大暴雨，最大降雨量达到 68mm，故障当天下午 18 时，洪水突然增大到 200m³/s。

110kV ××双回线路全线贯穿山区，担负着某县军事基地和部分大型企业等重要用户供电的两条重要线路，一直处于满负荷运行状态。

3. 现场情况

资料显示：110kV ××Ⅰ回线路 250、251 号杆为混凝土双∏直线杆，有 4 根拉线，呼称高均为 20.5m，水平档距 400m，最大设计风速为 25m/s。

实况观测：110kV ××Ⅰ回线路 250、251 号分别杆位于一条泄洪河道的两侧，其中倾倒的 251 号杆大号侧跨越一处民房，民房距离杆塔仅 7m 左右，杆塔下方堆积着大量杂物和石块，倾倒后压在房子的一侧，造成该间房子坍塌。倾倒的 251 号杆如图 1-4 所示。

图 1-4　倾倒的 251 号杆

（三）原因分析

1. 初步原因分析

（1）由于该线路运行时间较长，杆塔塔身存在严重的安全隐患，未能及时进行技术改造，在洪水冲刷的作用下，造成 251 号杆倾倒。

（2）由于该基杆塔处于泄洪的河道中，遭洪水的严重冲刷，洪水对杆塔的冲击破坏能力超过了杆塔自身的承载力，造成 251 号杆倾倒。

2. 可能性分析

（1）查阅该线路运行维护记录，在当年 4 月已对该线路进行全面隐患排查和检修处缺工作，安全隐患已全部排除，能够满足正常条件下线路运行的要求，可以排除杆塔自身存在严重安全隐患造成倾倒的可能。

（2）根据场观测和故障前天气情况来看，故障杆塔 250、251 号较长时间处于洪水浸泡和冲刷状态，造成拉线盘外露松动、杆塔基础下陷，上游冲刷下来的杂物和石块对杆塔产生了碰撞并严重阻碍了洪水流动，使洪水对电杆产生一个更大的冲击力，导致 250 号杆倾斜、251 号杆倾倒。

因此判定：洪水较长时间浸泡和冲刷造成杆塔倾倒故障。

（四）暴露问题

（1）线路技术管理不到位，对运行超过 30 年的老旧线路未能及时进行技术升级改造。

（2）隐患排查和治理工作不到位，110kV ×× 线路在泄洪河道内运行几十年，运行单位未能把该处作为一个重点隐患管理，没有采取有效防范措施，及时进行防范和治理。

（五）处理及预防措施

1. 处理情况

灾情发生后，该公司紧急启动应急预案，应急领导小组要求材料供应组、人员和车辆调配组、后勤保障组、用户告知组和新闻报道组紧密配合，立即投入抗洪抢险。调度部门及时调整电网运行方式，对县政府、医院、交通和通信等重要用户恢复供电，将停电影响降低到最小。运行人员加强对 110kV ×× 双回线路的巡查，抢修小组集中力量快速将 251 号杆塔后移 60m 重新组立，加固 250 号杆塔基础，并在河道两岸筑起防洪堤坝，以应对更大的洪水。

2. 预防措施

（1）线路运行维护单位应在汛期来临前全面做好线路的隐患排查治理工作，特别是做好老旧线路的技术升级改造等预防性工作。

（2）对特殊区域、特殊环境的输电线路加大线路巡视力度，尤其是特殊天气情况（如汛期等）下线路巡视监控，发现隐患及时采取有效措施，避免事故进一步扩大。

二、洪水造成杆塔倾斜故障

（一）案例简介

×× 年 7 月 16 日，某供电公司农电员工在迎峰度夏暨防洪度汛特巡工作中，细心的巡线工发现运行中的 220kV ×× 线 34 号铁塔由于受到洪水的冲刷，铁塔下部变形造成杆塔倾斜。杆塔下部堆积大量的杂物，如果再次遇到大的洪水，可能造成倒塔断线，将严重威胁电网安全运行。

（二）基本情况

1. 线路概况

220kV ××线路全长 23.45km，导线型号为 LGJ-300/35，共计 58 基铁塔，该线路为××变电站和×××变电站之间的重要联络线。

2. 天气及环境情况

该区域连续多天的暴雨天气，致使山洪暴发，引发大量的泥石流从山上倾泻而下，对铁塔造成严重的冲刷，运行环境比较恶劣。

3. 现场情况

资料显示：220kV ××线号 34 铁塔为直线铁塔，该基铁塔呼称高为 29.7m，水平档距 380m，最大设计风速为 30m/s。

实况观测：220kV ××线路全线贯穿山区地带，其中 34 号铁塔位于山洪河道一侧，靠近河道内一侧的小号第一段主支撑塔材变形，在铁塔中间堆积有大量的石头、树干等杂物，倾斜的 34 号塔如图 1-5 所示。

图 1-5 倾斜的 34 号塔

（三）原因分析

1. 初步原因分析

（1）由于塔身受到杂物的阻挡，洪水暴发对塔身形成一个很大的冲击力，造成塔身靠近河内一侧主材变形，引起塔身倾斜。

（2）山洪暴发时引发的泥石流夹杂着石块和树木等杂物，连续冲撞到塔身靠近河道侧塔材，造成塔材局部变形，引起塔身倾斜。

2. 可能性分析

（1）洪水对塔身冲击时，由于存在杂物的阻挡，洪水会对塔身产生一定的冲击力，但该冲击力较小，且塔身一侧基本处于平衡受力状态，不可能造成某一塔材局部严重变形，因洪水直接对塔身冲击产生的塔材变形可能性较小。

（2）经过现场仔细勘察发现，在河道侧第一段发生局部变形的主材上存在明显的物体撞击的痕迹，在一侧山坡有明显洪水冲刷滑坡痕迹，且塔身周边堆积了大量的泥石和杂木。

因此判定：洪水冲刷山坡产生泥石和杂木撞击塔材造成杆塔倾斜故障。

（四）暴露问题

（1）迎峰度夏期间对输电线路易冲刷、易滑坡等隐患排查不到位。

（2）汛期特殊巡视不及时，对特殊时期的事故预想不够。

（五）处理及预防措施

1. 处理情况

该供电公司应急处置领导小组针对现场情况迅速作出反应，立即启动《防止杆塔倾倒现场处置方案》，组织人员及相应的防洪物资到达事故现场，对受损塔材进行更换，并在易冲刷杆塔一侧设置一道防护坝，避免类似情况再次发生。

2. 预防措施

（1）针对防汛度夏期间电网设备运行情况，全面加强生产运行管理，尤其要加强重点区域、重要输电通道等的巡视监督检查工作。

（2）采取有针对性的防范措施，加强隐患排查治理工作，切实提高设备运行维护水平。

（3）及时做好输电设备的消缺处理工作。

三、洪水冲刷造成杆塔移位故障

（一）案例简介

××年7月7日，某地区接连一周遭受大暴雨袭击，暴雨过后某供电公司组织人员对重点防洪线路进行了特殊巡视，巡视发现位于某主河道中的110kV××线47号杆塔塔基被洪水冲刷，造成该线路47号杆杆基础出现移位，杆塔处于严重倾斜状态。

（二）基本情况

1. 线路概况

110kV ××线全长52.16km，导线型号为LGJ－185/35，全线共126基杆塔，于1994年7月建成投运，是对××县供电的一条主供电源线路。

2. 天气及环境情况

事发地区接连一周遭受大暴雨袭击，110kV ××线路 47 号杆位于主河道的中央，该基杆塔基础已经过多次的洪水冲刷，并采取了基础加固措施，基础裸露河床底部已达 3m 左右。

3. 现场情况

资料显示：110kV ××线 47 号杆基础为灌注桩与整体浇注组合基础，按流沙、洪水易冲刷软地基设计。

实况观测：由于该基杆塔基础长期遭受洪水冲刷，基础一侧被冲刷成近 1m² 的空洞，基础向右前方（面向大号侧）偏移 0.3m，绝缘子串偏移 0.35m 左右。移位的 47 号杆如图 1-6 所示。

图 1-6　移位的 47 号杆

（三）原因分析

1. 初步原因分析

（1）由于前期经过多次洪水冲刷，造成该基杆塔基础不牢固，在洪水冲击力的作用下，杆塔基础出现了向前滑移现象，造成杆塔移位。

（2）由于本次杆塔基础连续受到较大洪水冲刷，基础附近泥沙被大量冲走，基础周围或一侧出现空洞，杆塔在受到不平衡力的作用下发生移位。

2. 可能性分析

（1）该基杆塔基础虽然经过多次洪水冲刷，但已多次及时采取了基础加固措施，基础自身满足安全运行要求，基础因水冲击而向前滑移的可能性较小，因此基本可以排除。

（2）从现场观测到的情况来看，持续较大洪水连续冲刷杆塔基础，使基础一侧泥土冲走形成空洞，基础底部支撑面积大大减少，在较大洪水的持续冲击下，线路杆塔基础发生移位。

因此判定：洪水冲刷造成基础一侧悬空引起杆塔滑移倾斜。

（四）暴露问题

（1）隐患排查治理不到位，该基础已多次遭受洪水冲刷，虽已采取加固措施，但没有从根本上消除隐患。

（2）防汛期间的输电线路巡视不到位，未能及时发现问题。

（五）处理及预防措施

1. 处理情况

接到运行巡视人员报告后，该供电公司安监、生技及输电运行单位及时赶到现场制定应急抢修措施，利用大型施工机具对杆塔基础进行加固，增加了基础底座防位移水泥桩，确保在洪水的冲刷下不再发生基础移位现象，同时进行了杆塔纠偏和绝缘子串校正。

2. 预防措施

（1）加大对输电线路设备隐患排查、分析及防范力度，对不能满足防汛要求的输电线路及时进行技术改造，从根本上消除线路安全隐患。

（2）增加防汛期间的输电线路定期或不定期巡视次数，发现问题及时处理。

第三节 山体滑坡故障

一、山体滑坡造成杆塔倾倒故障

（一）案例简介

××年7月13日13时54分，220kV ××线路双高频保护动作跳闸，同时跳三相，重合失败。故障测距距离220kV ××变电站23.64km，根据测距显示推算故障点应在220kV ××线48～51号杆之间，运行单位立即组织人员进行线路巡视，经巡视人员检查发现，处于某山区半山腰的50号铁塔倾倒。

（二）基本情况

1. 线路概况

220kV ××线全线87基铁塔，导线型号为2×LGJ-300/35，地线型号为GJ-50，该线路于1986年12月建成投运。

2. 天气及环境情况

线路故障跳闸时为阴雨天气，风力 2～3 级，无雷电活动，已有连续多日的降雨；220kV ××线 50 号杆塔位于山坡下侧，山坡为结构蓬松的岩石土质。

3. 现场情况

资料显示：220kV ××线 50 号铁塔为直线铁塔，该基铁塔呼称高为 34m，水平档距 450m，垂直档距 600m，最大设计风速为 30m/s。

实况观测：在倒塌的 50 号高压铁塔下，一处在建厂房已经停工。现场看到厂房的地基已经出现裂缝，原本整齐的支柱东倒西歪，刚搭起支架的厂房已经摇摇欲坠。停工的厂房后边是一片高约 30m 的裸露山石，经过多日雨水的冲刷，不时有碎石掉落下来；在倒塌的铁塔前立有"电力设施保护范围，严禁采挖"警示牌；现场地面存在有掉落的螺丝；面向大号侧右边线导线断线，另外两相导线和地线完好。倾倒的 50 号杆塔如图 1-7 所示。

图 1-7　倾倒的 50 号杆塔

（三）原因分析

1. 初步原因分析

（1）不法分子拆卸塔材引起局部失衡而造成倒塔。

（2）右边线导线断线后产生不平衡张力造成倒塔。

（3）大风作用下引起倒杆塔。

（4）山体滑坡造成杆塔倾倒故障。

2. 可能性分析

（1）经过现场仔细查看，倾倒的铁塔塔材没有缺失，主材螺丝连接良好，地上掉落的螺丝为个别塔身上的斜材螺丝（非主材螺丝），分析铁塔在倾倒前处于完好运行状态，可以排除因遭到不法分子拆卸塔材而造成倒塔的可能。

（2）现场导线断线为面向大号侧右边线一相，其他导地线完好，断线处有明显的剪切痕迹，而且倒塔方向基本垂直于线路方向，若因不平衡张力引起倒塔，铁塔应顺线路倾倒，分析应该是倒塔后塔材切割导线造成右边线断线，因此也可以排除由于导线断线后产生不平衡张力造成倒塔的可能。

（3）资料显示该线路最大设计风速为 30m/s，而故障时现场风速为 2～3 级（1.6～5.5m/s），远小于最大设计风速，因此排除大风作用下引起倒杆塔。

（4）查阅线路运行记录显示：上年 11 月，公司与地质专家进行过现场实地勘察，发现"因边坡大量开挖，坡度较陡，山体失去原有平衡"，由于企业在山脚下采石建厂房，造成裸露山体边坡后 270m 处出现了一条近 400m 长的圆弧状裂缝，裂缝延伸到了铁塔保护区内，因此边坡及后缘山体已处于蠕动变形或蠕滑状态，稳定性差，在前期降雨诱发下，山体向下滑动，使铁塔产生横线路位移，铁塔在横线路导线张力作用下，铁塔主材局部失衡造成倒塔。

因此判定：山体滑坡造成杆塔倾倒故障。

（四）暴露问题

（1）对输电线路正常及特殊运行情况下巡视监测力度不够。

（2）设备隐患排查治理不到位，没有及时发现输电线路通道内存在的安全隐患，并采取有效防范措施。

（五）处理及预防措施

1. 处理情况

倒塔事件发生后，该供电公司立即启动应急预案，派出应急抢险组和应急物质对该线路进行恢复抢修作业，拆除倾倒铁塔。重新设计避开山体易滑坡区域，新组立杆塔，并于 18 日恢复了线路正常运行。

2. 预防措施

（1）认真排查梳理输电设备安全隐患，加大治理力度，切实做到治理责任、措施、资金、期限和应急预案"五落实"。

（2）加大对特殊区域输电线路的重点巡视、检测力度，必要时对杆塔进行加固，确保电网安全稳定运行。

（3）对重大事故隐患治理要认真制订整改方案，分解落实到部门、落实到人，并实行挂牌督办和督查，及时消除安全隐患。

二、山体滑坡造成杆塔倾斜断线故障

（一）案例简介

××年 7 月 27 日，某地区境内出现多次暴雨天气，接连几场大雨造成该地区绕城高速与 212 国道入口交界处山体滑坡，致使某供电公司负责的 220kV ××线路 6、7 号铁塔发生不同程度倾斜。由于该线路跨越绕城高速公路进出口和 212 国道入口，通行车辆较多，如果发生杆塔倾倒，可能会造成供电安全事故和交通事故，造成很大影响。

（二）基本情况

1. 线路概况

220kV ××线路全长 12.36km，全线共计 48 基铁塔，导线型号为 LGJ – 240/35，地线型号为 GJ – 35，该线路于 1989 年 4 月建成投运，为 220kV ××变电站和 220kV ××变电站重要联络线路。

2. 天气及环境情况

线路故障发生时为阴雨天气，风力 4 ~ 6 级，此前发生多次持续降雨。220kV ××线路全线贯穿于山坡和丘陵地带，跨越多条 110kV 线路和公路，对运行环境要求较高。

3. 现场情况

资料显示：220kV ××线 7 号铁塔为耐张塔，该基铁塔呼称高为 17.5m，水平档距 400m，垂直档距 530m，最大设计风速 30m/s。

实况观测：现场发生倾斜的 6、7 号铁塔线路分别跨越绕城高速公路进出口和 212 国道入口，道路通行车辆较多，其中 7 号铁塔附近山体滑坡长约 300m，铁塔已经发生严重变形，7 号杆塔外角大号侧导线断线，如图 1 – 8 所示。

（三）原因分析

1. 初步原因分析

（1）大风作用引起铁塔局部变形、扭转，造成导线断线。

（2）山体滑坡，引起 7 号塔基础下沉、滑移和扭转，两侧产生不平衡张力，造成铁塔变形和导线断线。

2. 可能性分析

（1）故障发生时虽然现场风力达 4 ~ 6 级（风速 5.5 ~

图 1 – 8　倾斜断线杆塔

13.8m/s），但远小于最大设计风速 30m/s，可以排除大风引起铁塔局部变形、扭转，造成导线断线。

（2）现场情况和进一步调查分析表明，由于高速公路在前期修路时大量取土，致使 7 号铁塔周围形成许多斜坡，部分山体出现悬空。连续降雨引起山体滑坡冲击铁塔基础，造成铁塔基础滑移和扭转、铁塔局部变形和倾斜，使 7 号铁塔两侧出现不平衡张力，导致 7 号塔外角侧导线断线。

因此判定：山体滑坡造成杆塔滑移倾斜断线故障。

（四）暴露问题

（1）汛期来临前对输电线路易滑坡、易冲刷等安全隐患排查不到位。

（2）防汛期间对重要的交叉跨越等重点地段输电线路的安全检查不到位，未能及时发现隐患，并采取有效措施，避免事故进一步扩大。

（3）防汛期间事故预想工作不到位，电网防汛管理存在薄弱环节。

（五）处理及预防措施

1. 处理情况

该供电公司迅速制订应急抢险方案，针对 7 号铁塔已出现局部扭转变形的情况，对受损段进行整体更换，并对 7 号铁塔基础进行加固和防护，列入后续技改项目，同时对 6 号铁塔进行了纠偏加固。

2. 防范措施

（1）在汛期来临前，全面做好输电线路安全隐患排查工作，特别是重要线路、重要交叉跨越杆塔，发现问题及时采取有效措施，消除隐患。

（2）制订各种完善的应急预案和对应防汛抢修物资储备，积极开展反事故演习和应急抢险演练，提高事故抢修能力。

（3）加大汛期特殊巡视力度，认真排查线路运行中存在的安全隐患，及时采取措施，避免意外事故发生。

三、山体滑坡造成杆塔移位断线故障

（一）案例简介

××年 7 月 26 日，某供电公司线路工区接到调度中心通知：220kV ×× 线发生跳闸故障，重合不成功。线路工区接到通知后，迅速组织人员进行全线巡视，在巡视过程中发现 114 号铁塔处发生山体滑坡，铁塔整体向大号侧发生位移并造成导线断线。

（二）基本情况

1. 线路概况

220kV ××线路全长 41.265km，线路共计 86 基杆塔，导线型号为 LGJ – 300/35，地线型号为 GJ – 50，于 2002 年 11 月建成投运。220kV ××线路是该供电公司电网主网架之一，担负着"西电东送"和迎峰度夏期间主供电的重要任务。

2. 天气及环境情况

220kV ××线线路走廊分布在黄土高原地带，由于近期受高压空气变化和西南暖湿气流的共同影响，已经连续多日降雨，故障时该地区遭遇局部性大风和强降雨侵袭，瞬时风速达到 8 级，4h 降雨量达到 68mm。

3. 现场情况

资料显示：220kV ××线 114 号铁塔为耐张塔，该基铁塔呼称高为 17.5m，最大设计风速为 30m/s，114 号塔虽然位于山坡一侧，有滑坡、塌方可能，但其铁塔基础仍按常规铁塔基础设计要求设计，没有针对可能出现滑坡等现象提出特殊设计要求。

实况观测：220kV ××线 114 号杆位于一高约 30m 的土坡上，杆塔南侧和西侧（线路为南北走向，面向大号侧）由于大量取土，铁塔基础坡面已形成近 90°斜坡，114 号铁塔处发生山体滑坡，铁塔整体向大号侧发生位移达 700mm，两边导线断线，如图 1 – 9 所示。

图 1 – 9 移位杆塔

（三）原因分析

1. 初步原因分析

（1）该基铁塔所处山坡的岩土层较为松软，边缘部位具有一定的斜坡，土坡不能承受杆塔整体垂直荷载造成滑坡。

（2）由于遭受强风吹动，导线在风力的作用下使塔身产生摇摆现象，使地面产生裂痕，从而使杆塔基础局部出现坍塌失去支撑，造成滑坡。

（3）由于连续多日降雨，土坡被雨水浸透，杆塔另一侧与地面形成一个很大高差，加上铁塔地基处比较松软，使铁塔基础随土坡一起滑落，造成杆塔位移断线故障。

2. 可能性分析

（1）经过现场分析验算，铁塔基础周围存在的大约 $20m^2$ 基面所承受的破坏力，远远大于该基杆塔整体的垂直荷载，即使在外力的作用下也不至于使地面产生裂痕，完全能够满足杆塔稳定性要求，因此可以排除初步原因分析中的（1）、（2）引起杆塔移位故障的可能。

（2）在铁塔的前右侧下方，因道路施工大量取土，形成接近 $90°$ 的斜坡，加上连续多日降雨，造成土坡被雨水浸透，铁塔地基处比较松软，使坡体失去平衡而沿软弱面逐渐下滑，铁塔基础随山体一起滑移，造成了杆塔位移，杆塔两侧产生不平衡张力，造成断线故障。

因此判定：山体滑坡使 114 号铁塔两侧产生不平衡张力造成杆塔移位断线故障。

（四）暴露问题

（1）在输电线路隐患排查过程中，巡视人员缺乏明确辨识潜在重大安全危险和隐患的能力，未能将该处作为重大危险源统计上报，及时进行治理。

（2）在线路日常运行维护过程中已发现 114 号铁塔周边严重取土现象，却未能及时制止并采取有效防范措施。

（3）在防汛度夏保供电特殊时期，未能将该危险源进行重点监测，运行维护单位对重大危险源的监督管理不到位。

（五）处理及预防措施

1. 处理情况

该供电公司各级人员迅速赶到现场认真分析事故情况，制订抢修方案，临时抢修线路，对铁塔基础进行加固，恢复线路供电，同时联系线路设计、施工单位赶到现场，制订永久性技术改造方案，申请线路停电重新改造。

2. 预防措施

（1）在汛期来临前，全面做好输电线路安全隐患排查工作，建立健全线路通道危险源及安全隐患档案，加大对危险源和安全隐患的监督检测力度，确保隐患可控、在控。

（2）加大运行维护人员日常专业培训，提高巡视技能、增强巡视责任心，做到在日常巡视过程中巡视到位，及时发现隐患并采取有效措施，避免事故发生。

（3）建立地质灾害监测预警体系。建立专业人员与群测群防相结合的监测队伍，对重要的地质灾害点建立专业队伍为主的监测网点，对其他地质灾害点建立群测群防为主、专业队伍指导和定期巡查相结合的监测网点，通过专业监测系统、群测群防监测系统、信息系统实现对山区地质灾害的实时监控。

第四节　基础下沉故障

一、基础下沉造成杆塔倾斜故障

（一）案例简介

××年10月18日，某电网分公司接到运行维护单位紧急通报：位于某煤矿地下采空区上方的220kV ××双回线路82～89号塔，由于煤矿采空区塌陷，杆塔基础出现严重下沉、裂缝，导致邻近铁塔绝缘子串顺线路、横线路不同程度偏移，如不及时处理，可能会造成该线路跳闸，并可能引起倒杆断线事故。

（二）基本情况

1. 线路概况

220kV ××双回线路为某电网分公司区域重要的供电和通信线路，线路全长89.6km，全线共计双回铁塔146基，导线型号为LGJQ－300/40，地线一侧型号为GJ－50，另一侧为光纤复合架空地线（OPGW）。

2. 天气及环境情况

该线路故障时天气为晴天，阵风5～6级。220kV ××双回线路82～89号塔运行在某煤矿采煤区域上方，目前该区域的地下煤已被开采完毕，地表基本处于塌陷状态。

3. 现场情况

资料显示：220kV ××双回线路82～89号塔，杆塔及基础设计都是按常规技术要求设计，基本没有考虑该区域为采煤空洞区，未采取防塌陷等特殊设计。

实况观测：现场的220kV ××双回线路82～89号塔中，已有85、86、87号3基铁塔处于倾斜状态，其中86号铁倾斜较为严重，杆塔基础已出现明显的下沉和偏移。86号铁塔左侧5m左右紧邻一条小河道（由于道路施工取土形成的小河道）。倾斜杆塔如图1－10所示。

图 1 – 10 倾斜杆塔

（三）原因分析

1. 初步原因分析

（1）由于前期降雨河道涨水，造成杆塔基础附近地基松软，杆塔基础发生沉降造成基础下沉致使杆塔倾斜。

（2）220kV ××双回线 82～89 号区域段地质出现塌陷和裂缝，较长时间雨水浸透，造成基础不同程度下沉和位移引起杆塔倾斜。

2. 可能性分析

（1）86 号杆塔相邻的河道长期存水，杆塔基础周围基面早已被浸透，长期运行过程中并未出现上述现象，故此原因造成的杆塔基础下沉和位移的可能性不大。

（2）根据对线路、线路走廊实况调查显示，220kV ××双回线 82～89 号塔线路段地表下方早已成为采空区，结合近期该区域段杆塔基面及周围出现多处严重地陷和裂缝，长期受雨水冲刷和浸泡，导致杆塔基础随地基出现不同程度的下沉和位移，造成杆塔出现不同程度下沉倾斜故障。

因此判定：在持续雨水作用下，采空区基础下沉造成杆塔倾斜故障。

（四）暴露问题

（1）规划设计时未能尽可能避开采空区，对采空区线路杆塔基础未采取特殊设计。

（2）线路运行维护单位对安全隐患排查和管理上存在漏洞，未能及时发现该隐患，并作为重点技改项目，采取有效措施进行治理。

（五）处理及预防措施

1. 处理情况

线路运行维护单位针对该区域段线路杆塔不同倾斜现状，采取了杆塔校正、基础局部砂浆浇灌填埋加固等临时措施，恢复220kV ××双回线正常运行，及时申报技改计划，对该区域段线路进行彻底治理。

2. 预防措施

（1）规划设计时应全面收集线路走廊相关信息，尽可能避开采空区、塌陷区等特殊区域，对无法避开的线路杆塔基础，应采取特殊设计。

（2）运行维护单位应加强对山区、煤矿区域等输电线路重点隐患排查，对排查出的具有重大隐患的危险点和危险源登记造册，并加强日常检测和监控。

（3）做好输电设备事故预想，进行突发事件应急处置演练，提高应急事件下的防范能力。

二、基础下沉造成杆塔移位倾斜故障

（一）案例简介

××年8月13日9时27分，某县电业局巡线员在进行35kV ××线路正常巡视时，发现该线路34号杆基础下沉近0.5m，造成杆塔出现移位并严重倾斜。

（二）基本情况

1. 线路概况

35kV ××线路为某县大型水泥厂主供电源线路，导线型号为LGJ－185/35，无架空地线，全线共计54基混凝土电杆，故障前该线路一直处于正常运行状态。

2. 天气及环境情况

发现故障前一周，天气基本为晴天，风力2~3级，气温20~32℃。该线路全部走廊为山区，故障杆塔处于一座小山坡的上方，土质主要以松沙石为主。

3. 现场情况

资料显示：35kV ××线34号杆为耐张转角Ⅱ型混凝土电杆，转角接近20°，该混凝土电杆带4根拉线，按普通基础设计，未考虑底盘和卡盘。

实况观测：发生故障的34号混凝土电杆基础周边地基已明显向下整体滑

移，该混凝土电杆杆身向下下沉约 500mm，外角侧拉线已断裂，杆身向一侧倾斜近 45°，在小号侧 40m 处有一个人工采石场。移位倾斜杆塔如图 1 – 11 所示。

图 1 – 11   移位倾斜杆塔

（三）原因分析

1. 初步原因分析

（1）由于杆塔外角侧拉线受外力撞击断裂，杆塔承受不了两侧导线张力所形成的一个对内角侧杆塔的垂直荷载，把杆塔拉向内侧，造成基础下沉致使杆塔倾斜。

（2）现场地面存在一条裂缝，杆塔基础顺着裂缝下沉和滑移造成杆塔倾斜。

2. 可能性分析

（1）从现场拉线断裂的痕迹来看，拉线上端抱箍螺栓孔已撕裂，下端不存在外力破坏的痕迹，从现场故障受力情况分析，该拉线上端抱箍应由杆身整体下沉和滑移导致其拉线受力增大造成，可以排除外力破坏引起拉线开断造成杆塔倾斜故障的可能。

（2）从资料显示，该线路在设计、施工时，杆塔基础均未考虑加装底盘和卡盘，其基础承重面较小、抗滑移能力较差。由于其杆塔附近长期有采石作业，且一侧已采空，两基面间形成较大高差，使松散的基础地基出现滑移，造成 34 号杆基础滑移和下沉。

因此判定：基础下沉和滑移造成杆塔移位倾斜故障。

（四）暴露问题

（1）线路设计时未认真收集该处地质资料，基础设计未严格按照松散土质要求进行，不能满足塔基沉降、倾斜度要求。

（2）运行维护中已发现 34 号杆 40m 处人工采石，未及时进行制止或采取有效措施，避免基础滑移和下沉。

（五）处理及预防措施

1. 处理情况

该县供电公司针对现场情况，迅速制订方案并组织人员进行抢修，对倾斜杆塔进行校正，并对其基础进行加固，更换拉线，并及时与采石厂联系，避免在杆塔周边进行采石活动。

2. 预防措施

（1）在设计和施工时，应充分考虑杆塔基础地质情况，严格按设计规程设计，对地质松散的土质应采取加装底盘、卡盘等措施，提高混凝土电杆抗下沉和倾斜等性能。

（2）加大运行维护监管力度，做到隐患排查到位、治理措施到位、巡视检测到位，避免此类事故发生。

（3）加强突发事件的快速反应，及时发布灾害预警信息，及时启动应急响应，有效开展应急处置。

第五节　拉线被盗割故障

一、拉线被盗引起杆塔倾倒故障

（一）案例简介

××年 5 月 12 日，线路运行维护单位接地调通知：110kV ××线路发生跳闸故障，重合不成功。线路维护单位立即组织人员巡查，巡视发现该线路 15、16、17 号杆拉线被锯断，拉线棒及 UT 型线夹被盗走，造成多基混凝土电杆倾倒。

（二）基本情况

1. 线路概况

110kV ××线全长 23.64km，共计杆塔 97 基，导线型号为 LGJ－185/35，地线型号为 GJ－35 钢绞线，该线路于 1993 年 7 月投运。

2. 天气及环境情况

故障时正下着大雨，温度为13℃左右，风力达到4～5级。该线路沿途跨越多个山头，线路走廊周边树林较为密集，离村庄较远。

3. 现场情况

资料显示：110kV ××线15、16、17号杆均为混凝土电双∏型杆，该混凝土电杆按普通混凝土电杆基础设计，主要靠4根导拉起稳固平衡作用，最大设计风速为30m/s。

实况观测：发生故障的杆塔位于多个山头上，倾倒的杆塔断裂成数节，横担及导地线均有不同程度受损，横担、拉线和损伤的导地线凌乱地散落在地上，拉线棒及UT型线夹已不知去向，拉线棒有明显的锯割痕迹。

倾倒杆塔如图1-12所示。

图1-12　倾倒杆塔

（三）原因分析

1. 初步原因分析

（1）初步分析由于该线路运行时间较长，杆塔自身存在严重缺陷，在大风的作用下造成杆塔倾倒。

（2）线路混凝土电杆拉线遭到盗割破坏后，在大风的作用下失衡造成杆塔倾倒。

2. 可能性分析

（1）通过查阅该线路运行维护资料得知，该线路于故障前三天刚进行过周期性巡视检查，没有发现任何缺陷，各部件完好，承力情况良好，线路运行正常，而故障时现场风速为4～5级（5.5～10.7m/s），远小于最大设计风速，因此可以排除杆塔自身存在缺陷及风力作用下造成杆塔倾倒的可能。

（2）经过现场勘查，倾倒的几基混凝土电杆拉线都被盗割2～3根，拉线棒和 UT 型线夹都已丢失，且存在明显的被锯割痕迹，混凝土电杆拉线被盗割后，在现场 4～5 级风力作用下，杆塔失衡，造成杆塔倾倒事故。

由此判定：拉线被盗割引起杆塔倾倒事故。

（四）暴露问题

（1）未能做好特殊气象条件下输电设备的特巡工作。

（2）线路技术防范措施不到位，（该线路全线都未装设防盗拉线棒），不能满足防盗割性能的要求。

（五）处理及预防措施

1. 处理情况

公司应急处置小组立即启动《输电线路倒杆塔现场处置方案》，派出应急抢险队员和抢修物资，对所有受损杆塔、导地线、拉线及附件进行拆除，重新组建线路。

2. 预防措施

（1）对线路全部杆塔拉线安装防盗拉线棒，消除盗割拉线棒隐患。

（2）加强《中华人民共和国电力法》（简称《电力法》）及《电力设施保护条例》的宣传力度，提高沿线群众的护线保电意识。

（3）对于高发案地段，采取缩短巡线周期、增加巡线次数和进行蹲点守候等方式，保障线路的安全运行。

（4）构筑电力设施保护的长效机制，要形成企业依法保护，群众参与监督，全社会大力支持的格局。

（5）积极建立健全群众护线网络，开展义务护线与有偿护线相结合的办法，全面保障线路安全。

二、拉线被盗引起杆塔倾斜故障

（一）案例简介

××年 6 月 8 日 13 时 10 分，某供电公司输电部接地调通知：110kV ××线路单相接地动作跳闸，A 相故障，重合闸投单相未动作，故障测距 220kV ××变电站 32.36km。输电部接到调度巡视的指令后立即组织人员进行巡视检查，15 时 32 分线路巡视人员发现 110kV ××线 88 号铁柱杆 3 根拉线棒被盗。

（二）基本情况

1. 线路概况

110kV ××线全长 45.149km，共计杆塔 126 基，导线型号为 LGJ－185/35，

地线为 GJ - 35 型钢绞线,该线路于 1988 年 11 月建成投运。

2. 天气及环境情况

故障时天气多云,温度达到 35℃,风力 5 ~ 6 级。该线路地处丘陵,地势整体较为平坦,运行环境良好。

图 1 - 13 倾斜的 88 号杆塔

3. 现场情况

资料显示:110kV ××线 88 号杆带 4 根拉线单柱铁柱杆,呼称高为 15m,该铁柱杆主要靠 4 根拉线保持平衡稳定,最大设计风速 30m/s。

实况观测:发生故障的 88 号铁柱杆 2 根拉线悬吊在半空中,2 根拉线棒已断开,杆塔沿横线路方向倾斜约 30°,导地线良好,倾斜的 88 号杆塔如图 1 - 13 所示。

(三) 原因分析

1. 初步原因分析

(1) 由于线路运行时间较长,杆塔拉线棒存在锈蚀,在风荷作用下,拉线棒断裂造成杆塔倾斜故障。

(2) 外力破坏拉线棒及风力作用下造成杆塔倾斜故障。

2. 可能性分析

(1) 从现场已开断的拉线棒来看,虽然拉线棒表面存在一定锈蚀,但锈蚀并不严重,且拉线棒也未出现拉申等现象,故障时瞬时风力虽达到 5 ~ 6 级(风速 8 ~ 13.8m/s),远小于最大设计风速,因此可以排除由于拉线棒锈蚀和风作用造成杆塔倾斜故障的可能。

(2) 现场勘查发现,断裂的杆塔拉线棒断面较为整齐,拉线棒有锯割痕迹,已断开的拉线棒及拉线下把已丢失,铁柱杆依靠自身单柱基础及未被破坏的 2 根拉线支撑运行,在现场 5 ~ 6 级(风速 8 ~ 13.8m/s)大风的作用下失去稳定,造成杆塔倾斜故障。

因此判定:拉线被盗及风力作用引起杆塔倾斜故障。

(四) 暴露问题

(1) 输电隐患排查工作不到位,未对易盗区杆塔进行统计建档,制订有效防范措施。

（2）线路拉线技术防盗措施不到位，未对易盗区线路混凝土电杆拉线装设防盗拉线棒等防盗措施。

（五）防范对策

1. 处理情况

线路运行维护单位立即组织技术人员编制抢修方案，对倾斜单铁柱杆进行校正，对铁柱杆局部变形角铁进行更换和加固，恢复原拉线，并加装了防盗拉线棒。

2. 预防措施

（1）对易盗区线路杆塔拉线安装防盗拉线棒，提高线路防外力破坏水平。

（2）加大《电力法》及《电力设施保护条例》的宣传力度，提高沿线群众的护线保电意识。

（3）加大线路运行维护人员培训力度，提高线路专责人的责任心、专业技术水平和安全意识，提高线路的巡视质量，保障线路安全运行。

（4）做好各种事故预想，加强特殊气象条件下的线路巡视和检查工作。

三、拉线断线反弹至导线引起线路跳闸故障

（一）案例简介

××年7月23日15时12分，某供电公司线路运行单位接地调通知：220kV ××线双高频保护动作跳闸，A相发生接地故障，重合闸失败。线路运行单位接到通知后，立即组织人员进行全线巡视，巡视过程中发现18号混凝土电杆1根拉线开断，导线上有明显烧伤放电痕迹。

（二）基本概况

1. 线路情况

220kV ××线全长34.52km，共计杆塔119基，导线型号为LGJ－300/50，地线采用GJ－35型钢绞线，该线路于1982年建成投运。

2. 天气及环境情况

该故障发生当时天气晴天，温度21～32℃，阵风4～5级。该线路地处平原，地势较为平坦，运行环境良好。

3. 现场情况

资料显示：220kV ××线18号杆为混凝土双∏直线杆，呼称高为20.5m，有4根交叉接线，最大设计风速为30m/s。

实况观测：18 号杆杆体未出现损伤，大号侧一根拉线断开，拉线下端及对应侧导线上有明显烧伤放电痕迹，线路通道内一条施工遗留土路，断开拉线附近有被车辆碾压过的痕迹。

故障的 18 号杆如图 1 – 14 所示。

图 1 – 14　故障的 18 号杆

（三）原因分析

1. 初步原因分析

（1）拉线锈蚀开断，在 4～5 级阵风的作用下，断开的拉线摆动到导线上引起线路跳闸。

（2）拉线被人剪断反弹至导线上，造成线路跳闸故障。

（3）拉线被行驶车辆撞断，反弹至导线，引起线路跳闸。

2. 可能性分析

（1）通过现场观察，该混凝土电杆拉线虽然表面有不同程度锈蚀，但整体运行工况良好，没有出现锈蚀断股现象，因此可以排除拉线锈蚀开断引起线路跳闸的可能。

（2）若因拉线被人为剪断，其断面应比较整齐，从现场开断的拉线来看，其断面参差不齐，因此可以排除人为剪断的可能。

（3）根据拉线断截面形状，并结合受损拉线附近有车压痕迹进行综合分析，应为农用车辆从该土路通过时，车辆撞到拉线或挂到拉线上，产生瞬时撞击力致使拉线断开反弹到导线上，造成线路跳闸故障。

因此判定：拉线被车辆撞击断线反弹至导线引起线路跳闸故障。

（四）暴露问题

（1）运行维护单位对线路运行中存在的隐患不能引起足够的重视，且未能采取有效的技术防范和安全防范手段。

（2）沿线群众的电力设施保护意识淡薄，电力设施宣传保护工作力度不够。

（五）处理及预防措施

1. 处理情况

现场应急处置小组负责人同调度进行联系，要求退出线路重合闸，对线路做好接地措施，更换新的承力拉线，并对拉线采取了加装防撞护套。

2. 预防措施

（1）通过多种渠道进行《电力法》及《电力设施保护条例》的宣传，提高沿线群众的护线保电意识。

（2）对易被车辆撞击的线路杆塔拉线加装防撞护套或浇注防撞桩，避免拉线遭外力撞击。

第六节　构件丢失故障

一、构件丢失引起杆塔倾倒故障

（一）案例简介

××年5月9日4时52分，500kV××线路跳闸，三相接地故障，重合失败。某公司线路运行维护单位接到通知后，立即组织人员进行全线巡视，在巡视过程中发现128号铁塔发生了弯折倾倒。

（二）基本情况

1. 线路概况

500kV××线路全长146.32km，全线共计174基铁塔，导线型号为4×LGJ-630，地线型号为GJ-50，于1996年4月建成投运。

2. 天气及环境情况

发生故障时天气为晴天，温度为11~22℃，瞬时风力达到26m/s。线路走廊为地势较平坦的高原，运行地区气象条件多为大风天气。

3. 现场情况

资料显示：500kV ××线全线为大档距架设，线路设计临界风速为 35m/s，塔身为角钢螺栓连接。

实况观测：在倒塔现场看到，塔身向东折倒，折弯部位位于塔体第 4 段（下第 2 段）。有螺栓散落于附近地面，但未发现脆性断裂和剪切断裂的螺栓。现场发现第 4 段的部分交叉材已丢失，螺栓孔完好，未出现螺孔撕裂、变形现象。

倾倒的 128 号塔如图 1-15 所示。

图 1-15　倾倒的 128 号塔

（三）原因分析

1. 初步原因分析

（1）根据该线路运行环境分析，128 号铁塔处于高处，没有物体阻挡，由于当时风力较大，风对铁塔的作用力大于铁塔所承受的荷载，造成铁塔倾倒故障。

（2）铁塔塔材质量不符合设计要求，自身存在缺陷，在运行中逐渐变形，承重力降低不能满足稳定的要求，造成铁塔倾倒故障。

（3）铁塔塔材丢失，使杆塔本体的承重荷载降低并分布不均衡，加上风力的作用造成铁塔倾倒故障。

2. 可能性分析

（1）从现场气象资料来看，故障时最大风力为 26m/s，远小于最大设计风力 35m/s，且该走廊区域经常出现类似风力，因此排除单一因瞬时风力造成铁塔倾倒故障的可能。

（2）通过查阅资料，该铁塔该正常程序进行设计和招标，铁塔规格型号与设计一致，现场损坏铁塔主材及交叉材弯折顶点处未发现脆性断口，均为塑性变形弯折，因此可排除由于塔材存在原始缺陷造成铁塔倾倒故障的可能。

（3）认真分析铁塔顶塔点4根主材的破坏形态，发现北立面东侧主材构件中部弯折最严重，因此认为该处为最先发生弯折部位。检查发现该处塔身同一平面相互交叉的两根铁构件已经丢失，结合现场塔材螺栓孔形状及地面脱落的螺栓，应该是因地面第二段两斜交叉塔材丢失，造成塔材局部受力失衡，铁塔在现场较大风力的作用下发生倾倒事故。

因此判定：铁塔构件丢失及风力作用下引起杆塔倾倒故障。

（四）暴露问题

由于500kV ××线路处于地域较为广阔的高原区，线路距离较长，对外力破坏和抵御突发性自然灾害缺少有效的技术防范和安全防范手段。

（五）处理及预防措施

1. 处理情况

该事件发生后，该公司立即启动电网大面积停电事件处置应急预案和现场抢修处置方案，组织应急抢修人员和物资对受损杆塔和线路进行紧急处置，对该基铁塔进行了拆除重组，对部分导线和附件进行了更换。

2. 预防措施

（1）加大《电力法》及《电力设施保护条例》的宣传力度，提高沿线群众的护线保电意识。

（2）根据该地区气候条件恶劣的特点，做好各种事故预想，加强对特殊气象条件下的线路巡视和检查工作。

（3）对重要输电线路加装在线监测装置和防盗装置，提高输电线路技术防范和安全防范能力。

二、地脚螺栓破坏引起杆塔倾斜故障

（一）案例简介

××年8月22日下午，某供电公司接到群众举报，反映新建110kV ××线路一基铁塔发生倾斜。工作人员赶到现场发现临时编号为27号的铁塔，塔基的16个地脚螺栓有15个被割断，北面两只塔脚悬空，距离地面近1m高左右，塔身向南倾斜近30°，铁塔失衡严重，随时都有倾倒的危险，相邻的28号铁塔的地脚螺栓也被割断了13个。倾斜的27号塔如图1-16所示。

图1-16　倾斜的27号塔

（二）基本情况

1. 线路概况

正在建设中的110kV ××线路全长46.526km，全线共计101基铁塔，工程前期线路铁塔已全部组立完毕，刚展放过边相一侧导线。

2. 天气及环境情况

故障发生时天气晴天，风力2~3级，新建线路地处连绵的山区，27号和28号两座铁塔分别组立在两个山头上，中间跨越一条重要铁路交通线。

图1-17　地脚螺栓遭到破坏的28号塔

3. 现场情况

现场铁塔地脚螺栓有用氧气割焊痕迹，新建的110kV ××线路27号和28号两基铁塔的塔脚还未做水泥保护帽防护，铁塔接地引线连接良好，塔脚螺栓被破坏后，在铁塔接地引线及未被破坏地脚螺帽的作用下，铁塔向一侧倾斜，另一侧塔脚悬空。地脚螺栓遭到破坏的28号塔如图1-17所示。

（三）原因分析

1. 初步原因分析

（1）犯罪分子为获取金属材料谋利盗割铁塔地脚螺栓，造成铁塔倾斜故障。

（2）犯罪分子为获取杆塔重建赔偿等其他利益，蓄意破坏铁塔塔脚螺栓造成铁塔倾斜故障。

2. 可能性分析

（1）从犯罪分子破坏铁塔的部件来看，如果是为了谋利，盗割塔材更加容易，不应该从破坏地脚螺栓着手，且现场被割断的地脚螺栓也并未丢失，因此可以排除盗割金属构件谋利的可能。

（2）根据施工人员回忆，在施工过程中由于施工通道赔偿问题未与部分村民达成一致的赔偿意见，部分赔偿款还未支付给村民，村民曾多次阻拦施工，结合现场割断后的螺栓均未丢失等现况，综合分析，应为犯罪分子蓄意破坏造成。

因此判定：犯罪分子蓄意破坏地脚螺栓引起杆塔倾斜故障。

（四）暴露问题

（1）施工单位在施工过程中未积极与当地村民进行沟通，达到一致意见，及时赔偿到位，避免事故发生。

（2）铁塔组立后，施工单位未能及时浇注保护帽，做好铁塔保护措施。

（3）当地农民对电力设施的保护意识淡薄，缺乏基本的法律常识。

（五）处理及预防措施

1. 处理情况

施工单位对 27、28 号铁塔已破坏的地脚螺栓进行焊接延长和加固，对倾斜的铁塔进行校正，及时组织人员浇注好铁塔保护帽，恢复铁塔正常运行要求。

2. 防范措施

（1）施工单位在施工过程中应积极与当地村民进行沟通，达成一致意见，及时赔偿到位，避免不必要的纠纷。

（2）铁塔组立后，施工单位应及时浇注保护帽、安装防松卡、防盗帽等铁塔保护措施。

（3）线路运行维护部门应加大《电力法》及《电力设施保护条例》的宣传力度，提高沿线群众的护线保电意识。

第七节　外力冲撞（撞击）故障

一、外力冲撞（撞击）拉线（棒）起杆塔倾斜故障

（一）案例简介

××年5月23日，某供电公司线路运行人员在巡检过程中发现35kV ××双回线路18号杆拉线受损，混凝土双∏型杆一侧杆体变形倾斜。

（二）基本情况

1. 线路概况

35kV ××双回线路是该供电公司对化工厂供电的重要电源，该线路全部采用∏型混凝土电杆上下两层线路架设，于20世纪60年代建成投运。

2. 天气及环境情况

故障发生时天气为晴天。该线路18号杆位于××河大桥西45m处河堤道路附近，在河中存在许多抽沙船只，经常有大型拉沙车辆通过。

3. 现场情况

资料显示：35kV ××双回线路18号杆为混凝土双∏型直线杆，全高30m，为20世纪60年代的电力高架过河杆塔。

实况观测：故障的18号杆叉梁上端处一侧的杆身焊口处已断裂变形，地面杆基已松动，杆塔整体倾斜，1根拉线已开断悬在空中。受损的18号杆如图1-18所示。

图1-18　受损的18号杆

（三）原因分析

1. 初步原因分析

（1）由于拉线盗割造成杆塔不平衡受力致使杆塔倾斜。

（2）车辆撞击拉线产生一个较大的破坏力造成杆塔受损倾斜。

2. 可能性分析

（1）现场断裂的拉线截面参差不齐，拉线棒完好，没有被锯现象，因此可以排除因拉线盗割造成杆塔倾斜的可能。

（2）现场拉线棒虽完好，但有明显撞击变形痕迹，故障杆塔现场有大型汽车轮碾压痕迹，结合拉线断裂截面形状及周边环境，分析应为杆塔附近拉沙车辆在行驶过程中撞击拉线产生较大冲击力，使该混凝土电杆焊口断裂变形造成杆塔倾斜故障。

因此判定：车辆撞击拉线是造成杆塔倾斜故障的原因。

（四）暴露问题

（1）运行维护单位安全隐患排查不到位，未对线路隐患建档管理和制订相应防范措施。

（2）技术防范措施不到位，对经常有大车出入的杆塔及拉线未采取任何防撞措施和提醒标志。

（五）处理及预防措施

1. 处理情况

该供电公司立即组织技术人员现场讨论制订抢修方案，利用两台大型吊车对故障线路实施不停电修复和加固作业，拉线加装防撞护套，并在杆上悬挂警标标志。

2. 预防措施

（1）全面做好输电线路通道隐患排查工作，逐一建档，制订相应防范措施。

（2）在施工的道口、施工场所安装警示牌，对车辆出入频繁易撞击区域线路杆塔拉线装设防撞护套或浇注防撞柱等保护措施。

（3）超前预想可能发生的各类外力破坏因素，制订措施，超前防范，有效提高事故预控能力。

二、外力撞击引起铁塔倾斜故障

（一）案例简介

××年6月25日12时41分，某供电公司220kV ××线路跳闸，重合不成功。运行单位根据调度提供的线路跳闸信息进行故障巡视，发现该线路21号铁塔一侧塔腿变形，塔身倾斜引起导线对塔身距离不足，造成导线对杆塔放电跳闸。

（二）基本情况

1. 线路概况

220kV ××线始建于1999年2月，线路全长23.12km，全线共计53基铁塔，其中48基杆塔位于山区。

2. 天气及环境情况

线路故障时天气晴天，故障之前该地区持续降雨，风力3～5级，温度5～13℃。220kV ××线21号铁塔位于一山坡下方，线路通道内无交叉跨越物，交通不便。

3. 现场情况

资料显示：220kV ××线21号铁塔为普通型直线铁塔，呼称高29.7m，水平档距450m，最大设计风速30m/s。

实况观测：21号铁塔右侧山坡上300m处有一处新建的大型采石场，21号铁塔靠近山坡一侧下段塔脚主材及交叉铁受损严重，局部塔材已断裂，塔身整体向山坡侧倾斜，塔身周边有大量滚落的石块。21号铁塔变形塔腿如图1-19所示。

图1-19　21号铁塔变形塔腿

（三）原因分析

1. 初步原因分析

（1）由于铁塔塔材被人为拆卸造成铁塔倾斜故障。

（2）由于采石场炸石或堆石滚落撞击铁塔造成铁塔倾斜故障。

2．可能性分析

（1）从现场勘察情况来看，塔材以及连接的螺栓、螺孔均有遭受外力破坏呈撕裂状，但与常规外力盗割或拆卸等呈规则形状不同，没有人为破坏痕迹，因此排除铁塔塔材被人为拆卸造成铁塔倾斜故障的可能。

（2）结合近期连续降雨天气，结合现场铁塔塔材变形情况及滚落的大量石块来看，应该是山坡上侧新建采石厂周边堆积石块及山坡松散的岩石在持续降雨过程中滚落撞击铁塔塔材，导致局部塔材破损变形，影响塔材整体承力，引起铁塔倾斜故障。

因此判定：滚落石块撞击塔材引起杆塔倾斜故障。

（四）暴露问题

（1）线路运行维护单位对杆塔右侧山坡上新建的大型采石场未及时发现，并采取有效防范措施，线路隐患排查、治理不到位。

（2）线路隐患技术防范不到位，处于松散岩石山坡下方的21号铁塔随时都有可能发生泥石流或石块滚落撞击，没有采取任何护坡等防护措施。

（五）处理及预防措施

1．处理情况

线路运行维护单位利用抱杆等辅助工具对倾斜的铁塔进行校正，对受损的塔材进行更换，在铁塔山坡侧浇注一道防护堤，并对附近采石活动及时进行制止。

2．预防措施

（1）全面做好输电线路通道隐患排查工作，逐一建档，制订相应防范措施。

（2）对易遭受泥石流冲刷和滚落石块冲击的杆塔周边构筑防护堤坡。

（3）提高线路巡视质量，加大监督管理力度，做到巡视到位、管理到位、治理到位。

第八节　设 计 缺 陷 案 例

一、杆塔设计强度不足引起杆塔变形故障

（一）案例简介

××年9月16日，某电力建设安装公司在进行500kV ××线路35～52号

耐张段架线施工牵引过程中，由于铁塔承载力不满足要求，部分铁塔发生上部不同部位塔材受力弯曲变形，导致全线施工中断。

（二）基本情况

1. 线路概况

在建的 500kV ××线路是某省电网的重点工程项目，全长 36.28km，共计 93 基铁塔。该线路于当年 2 月 6 日开工建设，计划工期 11 个月。

2. 天气及环境

故障发生时段天气晴天，风力 2～3 级，故障段线路地势整体较为平坦，施工环境良好。

3. 现场情况

资料显示：500kV ××线路杆塔采用的是典型设计，塔材通过正规招标采购，由正规厂家生产，现场安装、质检、验收均合格。

实况观测：发生故障的铁塔全部为直线铁塔，且几乎全部是在铁塔塔脖处折弯，塔身其余各部位受力良好，如图 1-20 所示。

图 1-20　折弯铁塔

（三）原因分析

1. 初步原因分析

（1）由于铁塔在组立安装时，部分螺栓或塔材安装不符合施工要求，监理及验收不到位，铁塔整体承载力降低，造成在展放导线过程中铁塔变形故障。

（2）在线路导线展放过程中，导线出现卡滞情况，致使铁塔受力过大，造成铁塔变形故障。

（3）铁塔塔材不符合技术标准要求，由塔材质量引发变形故障。

（4）铁塔设计存在严重缺陷，铁塔承载力不能满足施工要求，造成铁塔变形故障。

2. 可能性分析

（1）对杆塔施工进行分析，该线路全部杆塔在施工过程中严格按照《500kV 线路组塔施工标准化作业》施工流程进行，施工中由监理人员在全过程进行安全质量监理，并且在杆塔组立完工后通过了由施工方、监理方、运行管理单位三方对杆塔的初步检查验收，因此排除施工问题造成铁塔承载力降低在展放导线过程中发生变形故障的可能。

（2）对施工现场勘查和对牵引过程进行分析，500kV 线路展放导线的施工都是采用牵张机进行，牵引场与张力场位于直线杆塔的两端，作业过程不存在导线卡滞现象，牵张机的牵引力和张力同步，牵引过程中未出现过牵引情况，因此可以排除该故障原因。

（3）对杆塔塔材进行分析，该线路的铁塔塔材通过正规的招投标，生产厂家具备生产 500kV 杆塔塔材的能力，塔材符合技术标准要求，因此排除塔材质量问题造成铁塔变形故障的可能。

（4）对线路杆塔设计进行分析，通过查阅设计资料，该线路未能严格按照《110～500kV 架空送电线路设计技术规程》设计，忽略了安装荷载（牵引或提升导线及地线时对杆塔的冲击作用），杆塔设计取值不能满足承载力要求。

因此判定：杆塔设计强度不足引起杆塔变形故障。

（四）暴露问题

（1）设计单位未能严格按照 DL/T 5092—1999《110～500kV 架空送电线路设计技术规程》设计。

（2）该线路杆塔设计采用了典型设计，设计单位对设计过程和技术要求审核把关不严。

（五）处理及预防措施

1. 处理情况

该线路施工故障情况发生后，施工单位立即停止线路所有导线展放工作，组织相关部门立即召开分析会，认真查找事故原因，根据查找出的因杆塔设计问题，提出了过程整改措施，对所有设计存在问题的铁塔重新设计、重新生产、重新安装施工。

2. 预防措施

（1）加强对重要线路的管理，严格按照 DL/T 5092—1999《110～500kV 架空送电线路设计技术规程》设计，并且在进行杆塔设计时，设计规程未作出规定的，应符合现行国家标准和电力行业标准的有关规定。

（2）杆塔设计采用新理论、新材料或新结构型式，当缺乏实践经验时，应经过试验验证。

（3）杆塔结构设计采用以概率理论为基础的极限状态设计方法，用可靠度指标度量结构构件的可靠度。在规定的各种荷载组合作用下或各种变形或裂缝的限值条件下，满足线路安全运行的临界状态。

二、特殊地质设计不当引起杆塔倾斜故障

（一）案例简介

××年6月12日，110kV ××线故障跳闸，重合不成功。运行单位立即组织人员进行故障巡视，巡视中发现48号∏型水泥杆一侧基础下沉，杆塔横担断裂，塔身向内侧倾斜。

（二）基本情况

1. 线路概况

110kV ××线路全长 36.12km，共计 86 基杆塔，导线型号为 LGJ-240/35，地线型号为 GJ-35，该线路为新建线路，运行不到 1 年时间。

2. 天气及环境情况

该线路故障时天气晴天，4～6 级的东南风。110kV ××线路走廊位于山区，48 号杆与相邻两基杆塔高差较大，垂直荷载较大。

3. 现场情况

资料显示：110kV ××线 48 号杆为带 4 根拉线混凝土双∏直线杆，呼称高 12.9m，该基础按普通设计，无卡盘和底盘。

实况观测：48 号混凝土双杆一侧基础下沉约 200mm，横担从正常杆连接处断裂，塔身向内倾斜，4 根拉线完好。故障杆塔如图 1-21 所示。

（三）原因分析

1. 初步原因分析

（1）杆塔横担连接螺栓的剪切力不能满足要求，造成横担连接螺栓切断，致使杆塔倾斜故障。

（2）故障杆内侧拉线受力过大引起混凝土电杆倾斜，造成横担断裂。

（3）杆塔基础设计不合理，混凝土电杆下沉造成杆塔倾斜、横担断裂故障。

2. 可能性分析

（1）查阅48号杆横担图纸资料及安装验收资料，均与设计一致，为正规厂家合格材料，验收合格，故障前运行维护检修记录未发现异常，因此可以排除杆塔本体质量原因造成故障的可能。

（2）通过查阅验收报告及运行维护、检修记录等资料，该杆塔故障前4根拉线受力均正常，无单侧受力过大等异常情况，因

图1-21 故障杆塔

此排除故障杆内侧拉线受力过大引起混凝土电杆倾斜、横担断裂的可能。

（3）从现场基础开挖情况来看，正常一侧基础处于岩石上，已经下沉一侧基础底部为松软的土层，两侧基础地质承载力不同，由于故障杆无底盘，在两较大垂直荷载的作用下造成混凝土电杆下沉，产生较大的下压力和垂直剪切力，致使横担螺栓遭到剪切而发生断裂，造成杆塔倾斜故障。

因此判定：特殊地质设计不合理引起杆塔下沉倾斜故障。

（四）暴露问题

（1）线路设计部门在前期设计时收集资料不全，考虑不周，设计人员在设计选址时，未深入现场细致勘测基础地质情况，未考虑因地质结构不同而带来的影响。

（2）线路运行维护不到位，对特殊区域线路杆塔巡视和监测力度不够。

（五）处理及预防措施

1. 处理情况

运行维护单位经现场勘查制订应急抢修方案，对故障混凝土电杆加装底盘，对已断裂的横担进行更换，重新调整拉线和校正杆塔，恢复线路安全运行。

2. 预防措施

（1）线路规划设计时，充分做好线路设计前各种资料的收集和现场勘测，

尽量避开不良地质区域，杆塔基础设计时应根据实际地质情况合理选择基础型式。

（2）在线路施工过程中加大隐蔽工程验收力度，施工和验收单位发现问题及时向设计部门报告，提请设计变更，及时消除隐患。

（3）加大线路运行巡视监测力度，发现问题及时采取措施，避免故障进一步扩大。

第九节　构件制造质量不良案例

一、线路插入式角钢规格错误造成基础故障

（一）案例简介

220kV ××线路工程在进行杆塔中间验收过程中，发现某基杆塔的 CZ5323 塔型∏型塔腿插入式角钢小于设计规格尺寸，在插入角钢与主材之间使用了垫片，出现明显间隙。随后进一步调查发现实际已施工完毕的杆塔中有 27 基插入式塔脚角钢规格与此相同。

（二）基本情况

1. 线路概况

正在建设中的 220kV 线路共有铁塔 64 基，其中 41 基为角钢插入式基础。

2. 天气及环境情况

该线路施工期间天气良好，沿线走廊自然植被良好，地势整体较为平坦。

3. 现场情况

资料显示：220kV ××线路全线共有 40 基 CZ5323 插入式塔型，设计图中要求该塔型的插入式角钢规格为 Q345 L180×16，GB/T 706—2008《热轧型钢》规定 Q345 L180×16 的角钢厚度允许偏差为 1mm。

实况观测：现场已完工的 27 基 CZ5323 插入式塔型其实际角钢尺寸均为 Q345 L180×14，插入角钢与主材之间均使用了垫片。插入式角钢基础如图 1-22 所示。

（三）原因分析

1. 初步原因分析

（1）插入式角钢规格尺寸设计错误造成线路基础偏差故障。

（2）塔材招标错误造成线路基础偏差故障。

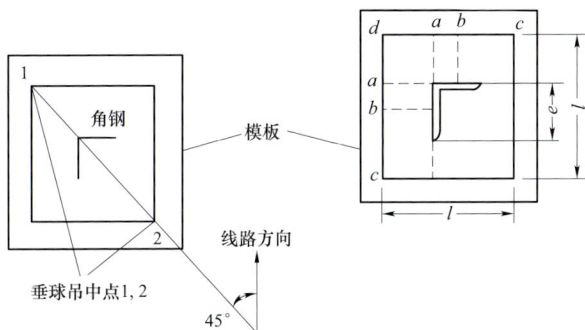

图 1－22　插入式角钢基础

（3）插入式角钢规格尺寸加工错误造成线路基础偏差故障。

2．可能性分析

（1）设计图纸资料和塔材招标技术标书等相关资料显示，该线路 41 基角钢插入式铁塔塔脚主材均为 Q345 L180×16，与设计和标书内容一致，因此排除设计、招标环节错误造成线路基础偏差故障。

（2）经过调查，本工程插入角钢的生产厂家在放样过程中，误将 L180×16 的角钢错加工为 L180×14。该问题早在问题暴露前 3 个月即发现，但那时工程现场已有 10 余基基础浇筑完毕（插入式角钢此时已浇筑于基础混凝土中）。为此生产厂家通过"工程技术联系单"与该工程的设计单位联系，设计单位在该"工程技术联系单"上提写的意见为："经过核算，在不考虑钢材负误差、施工误差、钢材材质等因素影响的情况下，L180×14 角钢强度能满足要求；对于尚未浇筑的基础塔型，将插入角钢更换为原设计图纸要求的 Q345 L180×16 规格"。而后由生产厂家直接联系施工单位，对当时还未进行基础施工的角钢按原设计进行了更换。但此事生产厂家、设计单位及施工单位均未告知项目监理部及建设单位，该"工程技术联系单"也未向项目监理部及建设单位出示，而是一直放在生产厂家，导致问题直至杆塔中间验收才暴露。

因此判定：插入式角钢加工规格错误造成线路基础偏差故障。

（四）暴露问题

（1）工程材料管理部门在材料接收时验收把关不严，未能及时发现从源头上杜绝此类事情发生。

（2）本工程监理人员现场材料审核、监督把关不严，对插入式角钢材质证明文件、规格型号复检等审查核手续不全，导致不合格材料进场并用于现场施工。

（3）工程项目管理各环节还未有效闭环，当发现材质规格型号错误后，项目管理部门未及时召开各部门参加的专题会议，通报相关情况和处理解决办法。

（五）处理及预防措施

1. 处理情况

对于已浇注完的铁塔，填实塔材连接间隙，及时浇注保护帽，其他未施工杆塔按照线路基础设计要求进行更换。

2. 预防措施

（1）工程材料管理部门在材料接收时要严格验收把关，认真核对材质证明、规格型号等，确保与设计图纸及招标要求一致。

（2）项目专业监理工程师应严格按 GB 50319—2000《建设工程监理规范》第 5.4.6 规定："对承包单位报送的拟进场工程材料、构配件和设备的工程材料/构配件/设备报审表及其质量证明资料进行审核，并对进场的实物按照委托监理合同的约定或有关工程质量管理文件规定的比例采用平行检验或见证取样方式进行抽检。对未经监理人员验收或验收不合格的工程材料、构配件、设备，监理人员应拒绝签认，并应签发监理工程师通知单，书面通知承包单位限期将不合格的工程材料、构配件、设备撤出现场"。

（3）在施工过程中，应认真、全面执行 GB 50319—2000《建设工程监理规范》第 5.4.8 "总监理工程师应安排监理人员对施工过程进行巡视和检查"及条文说明中的"监理人员应经常地、有目的地对承包单位的施工过程巡视检查、检测，主要检查内容如下：是否按照设计文件、施工规范和批准的施工方案施工；是否使用合格的材料、构配件和设备"。

二、钢管塔法兰盘焊接质量引起倒塔故障

（一）案例分析

××年9月3日，某县供电公司接到群众报告，在建的 110kV ××线路 13 号钢管塔从法兰盘焊接处断裂，致使还未挂线的钢管塔倾倒。

（二）基本情况

1. 线路概况

在建的 110kV ××线路全长 8.26km，共计 24 基钢管塔，是某 220kV 变电站向县区 110kV 变电站的送电线路，故障时线路还未进行挂线。

2. 天气及环境情况

该线路 13 号钢管塔发生故障时天气晴，有 6～8 级阵风，其位置处于县区

附近的水田中，运行环境较好。

3. 现场情况

资料显示：110kV ××线路 13 号塔为插入式薄壁钢管塔，全高 21m，底部采用法兰盘螺栓连接，最大设计风速为 30m/s。

实况观测：110kV ××线 13 号钢管塔从塔身与底部法兰盘焊接处撕裂开断，倾倒于水田中间，钢管塔变形严重，周边无车辆碾压痕迹，如图 1-23 所示。

图 1-23 倾倒的钢管塔

（三）原因分析

1. 初步原因分析

（1）较大阵风造成钢管塔倾倒故障。

（2）外力撞击钢管塔导致钢管塔断裂倾倒故障。

（3）法兰盘接口处焊接质量造成钢管塔断裂倾倒故障。

2. 可能性分析

（1）该县供电公司工程技术人员先询问了周边目击群众，没有看到有人员对杆塔进行外力破坏，看到钢管塔突然间自然倒地。从现场观察的结果也没有发现外力破坏痕迹，因此可以排除人为破坏因素。

（2）经过工程技术人员仔细对故障的 110kV ××线路 13 号钢管塔法兰盘焊接处查验，发现钢管塔法兰盘处存在许多虚焊点，并且存在焊接缝隙，焊接质量未达到要求，由于杆塔外部涂刷的镀锌层掩盖了焊接缺陷，钢管塔在安装过程中就已经造成了裂缝，在阵风的作用下，钢管塔法兰盘处不能承受塔身自身重力所产生的弯矩，造成了此次倾倒故障。

因此判定：钢管塔法兰盘焊接质量引起倒塔故障。

（四）暴露问题

（1）钢管塔生产厂家对物质生产把关不严，抽验工作管理不到位。

（2）对于钢管塔这种特殊的独立承重塔，缺少有效的技术检测手段。

（3）未能及时发现钢管塔在施工安装后存在的安全隐患，安全防范措施不到位。

（五）处理及预防措施

1. 处理情况

故障发生后，施工单位立即联系生产厂家进行问题的调查处理，并对在建中的所有钢管塔进行焊接处检验和杆塔强度的验算，对不满足运行要求的及时进行更换，确保无类似问题发生。

2. 预防措施

（1）加强线路杆塔的招投标和设备材料接收检验管理，确保设备材料与设计一致、产品质量合格。

（2）施工前首先对施工隐蔽项目进行校验，特别要对杆塔焊接部位、螺栓连接点的强度进行荷载试验，确保强度合格。

（3）做好施工后的工程质量验收工作。

第十节　材质不佳案例

一、非标材质引起杆塔倾斜故障

（一）案例简介

××年7月3日15时53分，220kV ××线B相跳闸，重合成功，故障测距为距××变电站12.932km。11min后，该线B相又发生单相接地故障，故障测距为20.624km。故障发生后，运行管理单位立即派出人员进行紧急巡视，发现多基杆塔处于倾倒状态。

（二）基本情况

1. 线路概况

220kV ××线路导线型号为LGJ－240/35，设计导线三角形排列，其中上字形杆塔同侧两相导线位于杆塔西侧（面向大号）。左架空地线型号为GJ－50，右架空地线为OPGW复合光缆。

2. 天气及环境情况

故障时，地面气温高达33 ℃以上，受高空强冷气旋影响，局部冷热气流急剧交汇，曾出现大风、沙尘暴天气，瞬时风力达 5 ~ 7 级，故障杆塔周边地势较为平坦。

3. 现场情况

资料显示：该线路设计时采用典型Ⅰ级气象条件，最高气温 +40℃，最低气温 -20℃，最大风速为 25m/s，现场发生倾倒的铁塔塔型均为 ZT1 - 21。

实况观测：现场共 5 基铁塔发生倾倒，故障段线路走向为南偏西约 10°，倾倒方向为垂直线路方向东侧，其中 65 号铁塔（见图 1 - 24）、67、69 号铁塔的屈服点在距地面 4.5 ~ 4.9m 处；66 号铁塔的屈服点在距地面 3m 处；68 号铁塔（见图 1 - 25）有 2 个屈服点，第 1 屈服点距地面 10.3m，第 2 屈服点距地面 5.1m。塔身及导地线横担均有不同程度弯曲变形。倾倒铁塔因塔腿一侧受压，另一侧受拔，受拔侧塔脚板出现变形（见图 1 - 26）。

图 1 - 24　倾倒的 65 号铁塔

图 1 - 25　倾倒的 68 号铁塔

图 1 - 26　变形塔脚

（三） 原因分析

1. 初步原因分析

（1）在强风作用下，铁塔局部塔材弯曲变形造成铁塔倾倒。

（2）塔材遭受外力破坏或盗割，铁塔局部强度降低，在风荷载的作用下发生倾倒。

（3）塔材材质不能满足设计要求，在风力作用下造成铁塔倾倒。

2. 可能性分析

（1）虽然220kV ××线故障段位于风振区，曾发生过风偏故障，故障时风向与线路的夹角基本接近于90°，瞬时风力达到5~7级（8~17.1m/s），但远小于线路最大设计风速25m/s，因此可以排除因风压较大造成铁塔倾倒的可能。

（2）从现场倾倒的铁塔来看，塔材各部位连接良好，没有塔材被盗或外力破坏的痕迹，因此可以排除因塔材丢失局部强度降低引起铁塔倾倒的可能。

（3）通过查阅线路的杆塔招投标资料和铁塔厂家提供的相关资料，发现故障铁塔为未经正规的招投标，由施工单位直接从铁塔生产厂家采购，而且该生产厂家不具备塔材生产资质。将故障塔材与设计图纸进行技术分析和对比，发现存在以下问题：

1）故障铁塔的主材规格比设计规格小了5mm，在施工和运行中很容易出现挠度（见图1-27）。

图 1-27　产生挠度变形的铁塔

2）塔脚板螺栓孔大于设计孔距3mm，存在公差配合问题。

3）基础连接支架比较单薄，在回填过程中容易出现支架单侧受力不均匀的现象，在寒冷地区，土壤的冻胀力更容易使支架受压后形成永久性弯曲变形，导致基面出现高差及根开变化，造成铁塔塔材变形。

因此判定：非标材质引起杆塔倾倒故障。

（四）暴露问题

（1）线路施工管理不规范，工程管理单位在设备材料的选用上未按照电力物资管理要求进行招投标。

（2）工程监理及验收部门把关不严，未能在施工过程及验收过程发现问题，及时采取有效措施，避免事故发生。

（3）线路运行维护不到位，未能及时排查存在的安全隐患、未能及时发现铁塔局部弯曲变形等缺陷，未能做到对特殊区域的杆塔进行重点监控。

（五）处理及预防措施

1. 处理情况

该公司立即从有生产资质的生产厂家重新采购合格的铁塔，组织抢修人员对故障杆塔进行更换，并就该线路其他铁塔展开全面排查和检测，采取局部加固等措施，确保线路安全稳定运行。

2. 预防措施

（1）加强工程设备材料的招投标管理，严格按照设计技术要求，选择有资质的生产厂家，按正规的招投标程序进行设备采购。

（2）加强工程全过程监理力度，严格按工程项目监理管理要求进行全程监管，确保设备材料及施工质量满足设计运行要求。

（3）加强员工技能培训，提高线路巡视质量，确保巡视到位、隐患排查到位、缺陷消除到位、预防措施到位。

（4）特殊气象条件下，加大线路巡视监测力度，及时发现问题并采取有效措施，避免事故扩大。

二、混凝土选材不当造成基础破裂故障

（一）案例简介

××年4月16日，某公司线路运行人员在进行220kV ××线路巡视时，发现34～36号杆塔基础存在明显裂纹，严重危及220kV ××线的安全运行。

（二）基本情况

1. 线路概况

220kV ××线路全长 32.13km，共 88 基铁塔，是一条向某县高新产业区供电的唯一电源线路，该线路刚刚建成投运近 4 个月。

2. 天气及环境情况

发现该线路故障时短期天气为晴天，微风，环境温度12°～18°，该线路全线位于沿海地带山区，运行环境较差。

3. 现场情况

资料显示：查阅资料，34 塔基础施工时混凝土选用的水泥是当地生产的 350 号普通碱硅酸盐水泥，基础浇注时温度15°，风速13m/s，相对湿度29%，是在非常干燥的条件下进行的。

实况观测：220kV ××线路34 号铁塔基础边缘部位存在有 2～3mm 的裂纹，巡视人员对该基础做了进一步开挖，发现铁塔基础裂纹向下部延伸更加严重。裂纹基础如图 1-28 所示。

图 1-28　裂纹基础（已采取补强措施）

（三）原因分析

1. 初步原因分析

（1）基础结构设计不符合要求。

（2）混凝土老化、环境污染及海水侵蚀等原因造成。

（3）混凝土骨料和配合比不满足要求。

2. 可能性分析

（1）基础结构设计由省电力设计院进行设计，经过对该设计院进行审查，该设计院具有设计 35～500kV 线路的资质，并且设计资料选取正确，设计规范，出具有正规设计图纸，因此可以排除基础结构设计不符合要求造成裂纹的可能。

（2）该线路所处平原地带，且线路从建设到投运共 4 个月时间，不存在混凝土老化、环境污染及海水侵蚀等原因，所以该原因可予以排除。

（3）由于该线路建设要求工期短，时间紧任务重，调查中发现线路建设单位为了赶超工期，私自把 34～36 号基础的浇筑转包给一个不具备建设资质的私人建筑队，基础所选用的水泥材料类型和标号均不满足要求，水泥中的碱与骨料中的活性氧化硅成分发生反应产生碱硅凝胶，碱硅凝胶固体体积大于反应前体积，又具有强烈的吸水性，反应后使混凝土内部膨胀应力增大，加上施工时天气干燥，导致混凝土开裂。

因此判定：混凝土选材不当造成基础破裂。

（四）暴露问题

（1）由于工程工期紧、施工任务重，施工中存在着转包工程的现象。

（2）施工过程中监理人员不到位，未能做到隐蔽工程的监理工作。

（3）线路验收移交资料不全。

（五）处理及预防措施

1. 处理情况

该事件发生后，该公司立即对该线路同一批转包工程的 34～36 号杆塔基础进行处理，并对其他杆塔基础进行了相关数据的检验，没有发现具有类似问题的杆塔基础。

2. 预防措施

（1）加强施工现场的安全监察，严查施工队伍资质，杜绝工程随意转包。

（2）加强施工现场工程质量监理，做到隐蔽工程施工步步有影像资料。

（3）严格控制施工程序，确保浇筑基础程序正确、所用材料和配合比满足要求。

（4）确保线路竣工验收资料的完整性。

第二章

导 线 及 地 线

第一节 覆 冰 故 障

一、导地线覆冰过载引起倒塔故障

（一）案例简介

2008 年 2 月 9 日 23 时 49 分，500kV ××线跳闸，重合不成功，故障选相 A、C 相（相间故障），距××变电站 76.8km（178 号附近），距对端 19.4km（179 号附近）。运维单位接通知后，立即启动应急预案，组织人员赶赴现场进行故障巡视。同时，根据故障测距情况立即电话安排故障区段 174～181 号义务巡线员进行现场巡查。3 时 40 分，义务护线员汇报××线 178 号塔整体倒塌。

（二）基本情况

1. 线路概况

该线路于 2006 年 8 月建成投运，全长 109.341km，共使用铁塔 269 基，其中转角塔 42 基，直线塔 227 基。故障发生前，该线路一直处于正常运行状态。

2. 天气及环境情况

故障区域天气情况：据当地气象部门提供的气象信息，故障发生前，该区域连续一周出现雨夹雪天气。在 7～9 日晚间均出现冻雨天气，最低气温 -4℃，西北风 2～3 级。故障杆塔地处半山坡。

3. 现场情况

资料显示：该线路故障区段选用 4×LGJ - 300/40 型钢芯铝绞线，右侧地线为 GJ - 80 型镀锌钢绞线，左侧光缆为 OPGW - 105 型，设计覆冰厚度为

15mm。最大设计风速30m/s。

实况观测：故障现场杆塔自根部起整体倒塌，导地线被压至地面。现场实测风速为3.2m/s，风向为西北风，故障杆塔位于山坡背风侧。177~178号杆塔档距为370m，178~179号杆塔档距为520m，178号杆塔整体向大号侧倾倒，如图2-1所示。导线表面出现严重的覆冰，现场取样厚度达到63mm，如图2-2所示。

图2-1 杆塔倾倒

图2-2 导线覆冰

（三）原因分析

1. 初步原因分析

（1）因杆塔质量问题造成倒塔。

（2）导地线覆冰舞动造成倒塔。

（3）导地线覆冰过载引起倒塔。

2. 可能性分析

（1）通过查阅杆塔的相关图纸资料，塔材的型号、规格与设计要求一致。故障杆塔为参加正规招标确定的生产厂家制造，相关的试验报告、合格证书齐全。通过对断口的外观检查，断面未见砂眼、气孔等情况。因此排除因杆塔质量问题造成倒塔的可能。

（2）故障区段的线路大体呈东南走向，根据风速测试仪现场实测风向为西北风，风速为3.2m/s，故障杆塔所处地段正处于背风侧，而形成舞动的基本条件之一即是风速须达到4~25m/s。且通过对附近线路的观察，未发现舞动现象。由此可知，故障区段的线路不具备舞动条件，故而排除导地线覆冰舞动造成倒塔的可能。

（3）通过对现场导线覆冰进行测量，覆冰厚度达到了63mm，而设计允许值为 15mm，超出设计允许值 4 倍。查阅设计等相关资料得知，故障区域多年来从未出现过类似的天气状况，因此设计的安全裕度偏小。杆塔所承受的垂直荷载超出了极限值，从而造成杆塔倾倒。

因此判定：500kV ××线 178 号塔因导地线严重覆冰，作用在杆塔上的垂直荷载逐步加大，最终超出杆塔所承受的极限值，造成杆塔倾倒。

（四）暴露问题

（1）在恶劣天气下，运维单位对可能危及线路的隐患预判不够，没有采取相应的防范措施。

（2）设计部门没有对特殊区域的气象环境进行认真研究、分析，设备取型缺乏针对性。

（五）处理及预防措施

1. 处理情况

运维单位组织抢修人员对倾倒杆塔进行更换，恢复导地线。并对附近区域的设备进行了认真检查。

2. 预防措施

（1）认真查阅气象资料，在规划设计前期尽量避开重冰、易舞等特殊区域，合理选择线路走径。

（2）对建立在微地形、微气象、特性明显的线路，适当增加耐张塔或加强型直线塔，铁塔主材可选用 Q390 或 Q420 高强度钢，提高杆塔自身强度。

二、导地线脱冰跳跃引起线路故障

（一）案例简介

2008 年 3 月 1 日 12 时 20 分，500kV ××线跳闸，重合不成功，故障选相 C 相，故障测距：距××变电站 86km（211 号塔附近）；距××变电站 44km（216 号塔附近）。运维单位接通知后，立即组织人员赶赴现场进行巡视。12 时 40 分，现场巡视人员汇报××线 214 号杆塔小号侧光缆断线落地，现场确定此处为故障点。

（二）基本情况

1. 线路基本概况

该线路 2006 年 8 月建成投运，全长 135.111km，共使用铁塔 329 基，其中转角塔 53 基，直线塔 276 基。

故障发生前，该线路一直处于正常运行状态。

2. 天气及环境状况

故障区域天气情况：2月25~27日，故障区域出现一次大范围雨雪天气，气温为-6℃~1℃，28日白天到夜间，雨夹雪逐渐停止。3月1日天气转晴，气温逐渐回升，现场气温为-2~3℃，风速1.5m/s。故障区段地处丘陵，214~215号塔档距为490m。

3. 现场情况

资料显示：导线采用4×LGJ-300/40型钢芯铝绞线，直线塔三相导线按等边倒三角形排列，相间距离6.7m。右侧地线采用GJ-80型镀锌钢绞线，左侧光缆为OPGW-105型，设计覆冰厚度为15mm。

实况观测：

214~215号塔间导线下方有大量脱落的冰块，冰体厚度8~10mm，冰体长度15~20cm。214号塔小号侧光缆断线，光缆断点处有明显的熔断痕迹。检修人员地面查看未见导线有明显异常，登杆检查发现C相导线上表面有多处明显放电闪络痕迹。如图2-3、图2-4所示。

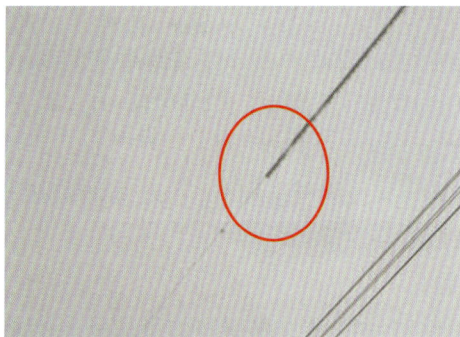

图2-3 右侧地线覆冰情况

图2-4 导线表面放电痕迹

（三）原因分析

1. 初步原因分析

（1）导地线因覆冰舞动造成线路故障。

（2）导地线因覆冰过载造成线路故障。

（3）导地线因脱冰跳跃造成线路故障。

2. 可能性分析

（1）虽然导地线表面存在不均匀的覆冰，但通过对现场气象的实测，风速仅为 1.5m/s，不足以使线路发生舞动。因此排除导地线因覆冰舞动造成线路故障的可能。

（2）对脱落至地面的冰块进行测量，冰体厚度为 8～10mm，而该区域设计的最大覆冰厚度为 15mm，满足设计要求。因此排除导地线因覆冰过载造成线路故障的可能。

（3）导地线覆冰后弧垂降低，随着现场气温的逐渐升高，加之导线在运行期间因其自身发热等原因导致其率先脱冰，导线弧垂随之上升。由于导线弹性储能迅速转变为导线的动能、位能，引起导线向上跳跃。而地线、OPGW 光缆没有同步脱冰，因此造成导线在跳跃期间与 OPGW 光缆电气距离过近，造成导线与 OPGW 光缆短路，进而熔断 OPGW 光缆，从而引起线路故障。

因此判定：500kV ××线因气温回升，引起导地线脱冰不同步，造成空气间隙安全距离不足造成线路故障。

（四）暴露的问题

（1）运行维护单位对导地线脱冰期间的事故预想不足，没有采取相应的防范措施。

（2）大档距线路没有采取安装导线相间间隔棒、失谐摆等技术防范手段，不能有效防止此类故障的产生。

（五）处理及预防措施

1. 处理情况

运维单位立即对线路光缆参数进行核对，组织人员做好光缆抢修的准备工作，将该耐张段内的光缆进行更换。

2. 预防措施

（1）在规划设计前期尽量避开重冰、易舞等特殊区域，合理选择线路走径。

（2）导地线在出现覆冰后，对特殊区域要及时采用直（交）流融冰、机械振动除冰等措施，有效降低覆冰对输电线路的危害。

（3）应用新的技术和材料，如加有防覆冰涂料的导线，有效降低冰与积覆物体表面的附着力，从而达到防覆冰、减少线路出现冰害事故的目的。

（4）对重要线路、特殊区域进一步加大巡视力度，在恶劣天气下缩短巡视周期，实时监控线路的运行状况，及时制订防范措施。

第二节 舞 动 故 障

一、导线舞动造成相间短路故障

（一）案例简介

2011 年 4 月 2 日 4 时 32 分，500kV ××线跳闸，重合不成功，4 时 38 分强送不成功，故障选相 A、B 相（相间故障）；故障测距距××变电站 75km，距对端 60.7km。根据故障测距，初步确定故障范围在 178～183 号段，运维单位立即组织人员赴现场进行故障巡视。

（二）基本情况

1. 线路基本概况

500kV ××线建成投运于 2007 年 9 月，线路全长 105.021km，共有杆塔263 基，其中耐张塔 42 基，直线塔 221 基。

故障发生前，该线路曾于 2008 年出现数次小幅舞动现象，但没有造成线路跳闸。

2. 故障时天气及环境状况

4 月 1～2 日，故障区域出现雨夹雪天气并伴有持续大风，气温 -3～-1℃，最大风力达到 8 级。故障段杆塔位于山区，线路走向基本呈东西方向。

3. 现场情况

资料显示：导线采用 6×LGJ-300/40 型钢芯铝绞线，直线塔三相导线按等边倒三角形排列，相间距离 6.7m。设计覆冰厚度 15mm，最大设计风速30m/s。

实况观测：经巡视人员现场观察，发现塔身、导线、地表均出现不同程度覆冰，如图 2-5 所示。现场实测风速为 18.9m/s，温度 -2℃，相间导线大幅舞动，如图 2-6 所示。振幅最大达到 6m，经现场测算，舞动频率为 0.4Hz。

图 2 – 5　塔身覆冰情况

图 2 – 6　相间导线舞动情况

（三）原因分析

1. 初步原因分析

（1）异物缠绕导线造成相间短路故障。

（2）导线覆冰舞动造成相间短路故障。

2. 可能性分析

（1）经地面巡视人员现场查看，未发现导线上缠有异物，地面没有发现断落的缠绕物等现象。因此排除异物刮至导线造成相间短路故障的可能。

（2）179 ~ 182 号区段地处山区，海拔分别为 573、595、651、732m，呈逐步升高态势，线路走向为东西方向，而线路南侧海拔在 700 ~ 920m，也呈逐步升高趋势，从东南方向高山刮过的大风据高而下，并形成相对稳定的大风，从而使线路具备起舞条件。根据运行经验，舞动首先在较小档距发生，随着能量的积蓄大档距也随之舞动，且能量、幅值也逐渐增大。导线舞动中，三相舞动情况不一，中相舞动幅度最大，由于紧凑型线路三相距离较近，不同步舞动导致 181～182 号杆 A、B 两相相间短路跳闸，由于风力持续、舞动持续的作用，故线路重合闸及强送均不成功。

因此判定：500kV ×× 线 181～182 号杆因导线不同步舞动造成相间距离不足，导致线路跳闸并强送不成功。

（四）暴露问题

（1）该线路曾出现过数次小振幅舞动，由于没有造成线路跳闸，故而未引起运维单位的足够重视。

（2）舞动治理不够到位，需进一步加大防舞动治理力度。

（五）处理及预防措施

1. 处理情况

运维单位针对舞动区域的杆塔进行认真检查，重点对杆塔的螺栓、构件等部位的受力情况进行检查，并对相同区域的线路加强现场观测，实时掌握线路的运行状况，做好应急抢修准备。

2. 预防措施

（1）线路规划设计时，尽量避开风口、重冰等线路易舞区域。

（2）对运行中的线路，加大线路防舞动治理力度，对杆塔螺丝采用防松措施，对关键承力部位进行局部加固、补强，并安装相间间隔棒等防舞动装置。

（3）对易舞区线路安装导线舞动、微气象等在线监测装置，及时采集线路舞动时的相关信息，为舞动治理及事故预防提供基础资料。

二、导线舞动造成倒杆塔故障

（一）案例简介

2007 年 1 月 13 日 14 时 27 分，500kV ×× 线跳闸，重合失败。故障测距距 ×× 变电站 61.1km（197 号塔附近），距对端 94.3km（207 号塔附近）。运维单位接省调通知后，立即组织巡视人员对 197～207 号塔进行了重点巡视。

（二）基本情况

1. 线路基本概况

该线路 2004 年 6 月建成投运，线路全长 142.491km，共 341 基杆塔。故障发生前，该线路于 2006 年 11 月 8 日进行了一次全线检修消缺工作，工作结束后设备运行正常。

2. 天气及环境状况

据当地气象部门提供的气象信息，1 月 8～14 日，故障区域连续出现雨夹雪天气。在 12 日晚间出现冻雨天气，最低气温达到 -5℃，西北风 4～5 级。

3. 现场情况

资料显示：故障区域导线型号为 4×LGJ-300/40，设计覆冰厚度为 15mm，最大设计风速 30m/s。

实况观测：203 号杆塔自根部整体向内角侧倾倒，导地线被倾倒的杆塔压至地面，如图 2-7 所示。现场实测风速为 7.5m/s，风向为西北风，环境温度 -3℃，地表及植被表面结有一层薄冰。故障杆塔地处平原，周围较为空旷，无建筑物、林区、山体等遮挡物。

图 2-7　故障杆塔

（三）原因分析

1. 初步原因分析

（1）因杆塔材质问题造成倾倒故障。

（2）因塔材被盗造成杆塔倾倒故障。

（3）因导地线覆冰舞动造成杆塔倾倒故障。

2. 可能性分析

（1）通过查阅故障杆塔的设计图纸及相关资料，均符合设计要求。且铁塔的相关的试验报告、合格证书齐全。现场通过对断面的外观检查，未见砂眼、气孔等情况。因此排除因杆塔材质问题造成杆塔倾倒故障的可能。

（2）专业技术人员对倒落至地面的杆塔进行认真查看，除个别位置的塔材因突然倒塌出现弯曲、断裂外，没有发现塔材缺失、缺件等现象。因此排除由于塔材被盗造成杆塔倾倒故障的可能。

（3）连日的雨夹雪天气，加之气温骤然下降，使导线的表面出现了不均匀的覆冰，而203号耐张塔地处平原开阔地区，导线不均匀覆冰后在大风的作用下产生了舞动。随着风激励的持续作用，导线的舞动的幅度进一步加大，巨大振幅的舞动使得导线、金具、杆塔承受着巨大的动态荷载。进而出现了杆塔螺栓松脱、金具疲劳失效等情况，最终造成杆塔倾倒。

因此判定：横线路方向的大风致使导线大幅舞动，从而造成杆塔倾倒。

（四）暴露问题

（1）该线路在规划设计初期，资料搜集不全，没有有效的避开易舞区，线路设计未采取防舞措施。

（2）运行维护过程中，对舞动区线路未及时采取防舞动治理措施。

（3）未制订切实可行的防舞动应急预案，线路发生舞动后，未能采取行之有效的防范应对措施。

（五）处理及预防措施

1. 处理情况

运维单位组织抢修人员对故障杆塔进行更换，恢复导地线。对同类区域的设备进行认真排查，加强现场的监测力度，及时掌握线路的实时运行状况。

2. 预防措施

（1）认真搜集气象资料，在规划设计前期尽可能避开易覆冰、易舞动等特殊区域，合理选择线路走径。

（2）对运行中的线路，加大线路防舞动治理力度，对杆塔螺丝采用防松措施，并安装相间间隔棒等防舞动装置。

（3）对杆塔关键受力部位进行局部加固、补强，有效提高其自身的机械强度和抵御恶劣工况的能力。

（4）对于可能出现舞动的频发季节，要及时了解气象信息，并制订出完善的应急预案，有针对性地采取防范措施。

第三节　交叉跨越故障

一、通道内树木安全距离不足引起线路故障

（一）故障情况

2006 年 8 月 14 日 12 时 50 分，运维单位接到地调通知，220kV ××线双高频保护动作，C 相故障，重合成功，故障测距显示距离××变电站 55.2km（157 号杆附近），距离对端××变电站 2.1km（162 号杆附近）。根据故障测距推算，立即组织人员对该线路 157～162 号杆进行重点巡视。

（二）基本情况

1. 线路基本概况

该线路于 1974 年 11 月建成投运，线路长度 57.358km，全线共 174 基杆塔，导线型号 2×LGJ－300/40。

故障发生前，对该线路曾进行过一次通道隐患集中排查治理工作，该处苗圃园内的树木未能引起运维单位的足够重视。

2. 天气及环境状况

故障发生时正值中午，当地局部地区出现短时阵雨，空气湿度较大。气象部门预报当日最高气温为 34℃，微风，故障段线路 158～159 号杆跨越××乡苗圃园。

3. 现场情况

资料显示：故障段 158～159 号杆档距为 370m，杆塔呼称高均为 24m。

实况观测：经巡视人员询问附近居民得知，12 时 50 分左右，在该处苗圃园内，发出了一声巨响，进入苗圃园内发现该档 C 相导线弧垂点处下方有较高的树木，如图 2－8 所示。通过望远镜查看导线下表面有放电痕迹，地面有少量被烧焦的树枝，如图 2－9 所示。导线与树木的垂直距离为 1.1m。

（三）原因分析

1. 初步原因分析

（1）通道内移植树木造成线路故障。

（2）通道内超高树木造成线路故障。

2. 可能性分析

（1）地面巡视人员通过调查询问苗圃园内的工作人员得知，故障发生时，苗圃园区内未进行树木移植等作业。因此排除通道内移植树木造成线路故障的可能。

图 2 - 8　故障点现场

图 2 - 9　烧焦的枝叶

（2）通过查阅线路巡视记录，该线路巡视专责人在跳闸之前已向苗圃园的负责人下达过违章通知书，并多次与苗圃园负责人协商，要求将线路下方危及线路安全运行的树木尽快进行处理，但因该负责人索要赔偿金额巨大、态度十分消极，拒不处理，导致隐患没有得到及时消除。气温升高后造成导线弧垂增大，由于故障发生时空气湿度较大，引起空气绝缘下降，导线与树木的空气间隙被击穿，造成线路故障。

因此判定：导线与树木的空气间隙被击穿，造成线路跳闸。

（四）暴露问题

（1）巡视专责人未将危及线路安全运行的树木及时进行处理，跟踪复查力度不够，责任心不强，安全意识淡薄。

（2）运维单位对线路通道内存在的隐患没有采取切实有效的处理手段，隐患排查未实现闭环管理。

（五）处理及预防措施

1. 处理情况

线路跳闸后，运维单位对超高树木进行清理，同时认真组织对附近区域的线路进行隐患排查，及时了解、掌握线路的运行工况，有效避免类似障碍的发生。

2. 预防措施

（1）加强《电力法》及《电力设施保护条例》的宣传力度，宣传通道内违章植树及通道外超高树木给输电线路安全运行及人身安全带来的危害，提高沿线群众的护线保电意识，实现群防群治。

（2）加大对线路巡视人员的教育培训力度，提高巡视专责人的责任心、专业技术水平和安全意识，进一步提高线路的巡视质量。

二、水平净空距离不足引起线路故障

（一）案例简介

2010 年 3 月 21 日 14 时 9 分，110kV ××线距离Ⅰ段保护动作跳闸，A 相故障，重合失败，测距距离 ××变电站 7.6km（41 号杆附近），距对端 20.8km（36 号杆附近）。线路跳闸后，运维单位根据故障测距范围，立即组织巡视人员对 36~41 号杆进行重点巡视。

（二）基本情况

1. 线路基本概况

该线路于 2010 年 2 月 3 日建成投运，线路长度为 28.478km，共计 102 基杆塔。

故障发生时，该线路虽刚投入运行，但一直处于正常状态。

2. 天气及环境状况

故障区域天气情况：气象部门预报当日为多云天气，气温 4~8℃，西北风 6~7 级，局部地区阵风达到 8 级。故障段杆塔地处平原，周边为农田。

3. 现场情况

资料显示：故障区域导线型号 LGJ-185，最大设计风速 25m/s，在最大计算风偏情况下，边导线与电力线最小水平距离不应小于 5m。

实况观测：110kV ××线 39 号塔附近有一新立 35kV 铁塔，中线横担距

110kV ××线 A 相导线 1.2m，如图 2 - 10 所示。导线表面有明显的放电痕迹，无断股。

图 2 - 10 故障点现场情况

（三）原因分析

1. 初步原因分析

（1）导线异物造成线路故障。

（2）线路保护区内水平净空距离不足造成线路故障。

2. 可能性分析

（1）经地面巡视人员现场查看，未发现导线上缠绕有异物，地面也没有发现断落的缠绕物等，因此排除异物刮至导线造成线路故障的可能。

（2）新建的 35kV 线路中横担对 110kV ××线 A 相导线水平距离过近，当风力作用于导线上时，垂直于线路方向的分量将使导线产生横线路的摇摆偏移，随着摇摆幅度的逐渐增大，A 相导线与中横担的距离小于正常运行时的空气间隙，在工频电压下空气隙击穿，造成线路故障。

因此判定：35kV 线路中横担对 110kV ××线 A 相导线水平距离过近，在大风作用下造成空气间隙击穿，引起线路跳闸。

（四）暴露问题

（1）验收流程没有实现全过程闭环管理，生产验收流于形式。

（2）运维单位安全意识淡薄，对线路保护区内存在的安全隐患没有进行及时有效的处理。

（3）巡视维护人员巡视不到位，对可能危及线路安全运行的危险源超前防范意识不强。

（五）处理及预防措施

1. 处理情况

经对导线外观检查，未发现断股等异常现象，通知联系 35kV 线路建设单位后向其并提出整改措施，拆除位于保护区内的该基杆塔，并对该地区的其他线路进行一次彻底排查，确保在运设备的安全运行。

2. 预防措施

（1）在设计定位期间，认真进行现场勘查，对同区域内平行、交叉的线路要认真核对，确保线路建成投运后的安全运行。

（2）生产验收环节严格实行闭环管理，对可能出现的隐患要及时制止，跟踪处理，为线路的安全运行提供良好的环境。

（3）加强运维、验收人员的业务技能培训，完善奖惩、考核制度。

三、通道内车辆违章行驶造成线路故障

（一）案例简介

2010 年 5 月 6 日 9 时 2 分，220kV ××线光纤差动保护动作跳闸，重合失败，C 相故障（单相接地），测距距离××变电站 4.7km（15 号杆附近），距对端 22.5km（12 号杆附近）。线路跳闸后，运维单位立即组织人员对推算的故障点范围 12~15 号杆进行重点巡视。

（二）基本情况

1. 线路基本概况

该线路于 1988 年 7 月建成投运，线路长度为 28.022km，共计 91 基杆塔，导线型号为 2×LGJQ-300/40。

故障发生前，该线路一直处于正常运行状态。

2. 天气及环境状况

故障区域天气情况：气象部门预报当日天气晴朗，偏东风 2~3 级，气温 -13℃。故障段杆塔位于一处改建公路的两侧，周边无采石场、矿场等工矿企业。

3. 现场情况

资料显示：故障段 13~14 号杆档距为 290m，杆塔呼称高均为 27m，2010 年 3 月检测记录显示该档导线跨越公路处的对地距离为 8.6m。

实况观测：220kV ××线 13~14 号杆之间 C 相导线有明显断股，线下无

异物，该处跨越档内一条公路正在改造扩建，导线对地距离8.1m，如图2－11所示。

图2－11　故障点现场情况

（三）故障原因分析

1. 初步原因分析

（1）通道附近爆破采石造成线路故障。

（2）违章车辆线下行驶触碰导线造成线路跳闸。

2. 可能性分析

（1）巡视人员通过对线路周边的环境的认真查看，未发现附近有采石场、矿场等企业，且线路故障区段位于村庄附近，不存在爆破采石造成线路故障的可能。因此排除通道附近爆破采石造成线路故障的可能。

（2）巡视人员通过对现场的仔细勘查和调查了解，发现该处新修公路正处于路基夯实平整阶段，线下大型施工车辆往来频繁。据故障区域附近的村民余某反映，当日上午9时左右，曾在家中听到巨响，后看到一辆施工车辆朝东行驶。巡视人员根据余某提供的信息，沿公路朝东继续进行勘查，最后在××建筑公司材料站内发现一辆轮胎严重受损的车辆（自卸翻斗车），如图2－12所示。通过调查询问，车辆驾驶员描述：当日上午，在施工地点卸下灰土后，没有等自卸车厢降落到位后就继续行驶，在行驶过程中触碰导线后因内心恐惧，遂驾车逃逸。

因此判定：220kV ××线13～14号杆线下施工车辆违章行驶，造成空气间隙击穿，最终导致线路跳闸。

图 2－12　受损车辆

（四）暴露问题

（1）运维单位没有及时对通道内存在的安全隐患进行排查，超前防范意识不强。

（2）施工人员安全意识淡薄，线下施工期间未采取相应的安全措施。

（五）处理及预防措施

1. 处理情况

运维单位组织抢修人员对断股的导线进行了修复补强处理，如图 2－13 所示。并对该施工点的作业人员进行安全知识宣传，以避免类似故障再次发生。

图 2－13　作业人员修补导线

2. 预防措施

（1）实行线路通道内（外）各种危险源动态预警管理，对特殊区域内的输电线路要制定有针对性的事故预想和管理防范措施。

（2）对输电线路途经的施工现场，加大宣传力度，印制宣传标语，发放宣传单，设立警示标牌，使被宣传对象明确在高压线路附近从事施工作业时需注意的安全事项。

（3）加强线路通道内施工的监督力度，通过对《电力设施保护条例》的宣传，督促施工单位及时到运维单位办理相关手续并采取相应的安全措施，确保施工现场的安全措施落实到位。

第四节　雷　击　故　障

一、雷击导线造成线路故障

（一）案例简介

2009 年 8 月 17 日 12 时 32 分，500kV ××线跳闸，重合成功，故障选相 C 相。故障测距距离××变电站 31.2km（156 号塔附近），距离对端电厂侧 66.9km（159 号塔附近）。根据故障测距，初步确定故障范围在 156～159 号段，运维单位立即组织人员赴现场进行故障巡视，地面巡视至当日 22 时 40 分结束，该线路全线地面未发现明显异常，将巡视结果汇报领导后，运维单位组织人员次日进行带电登杆检查。18 日 10 时 40 分，作业人员赵×在对 157 号塔进行带电登杆检查时发现 C 相导线、均压环、联板金具有明显放电烧伤痕迹，导线无断股。

（二）基本情况

1. 线路基本概况

该线路于 2004 年 12 月建成投运，线路全长 97.06km，共 234 基杆塔。线路途经平原，沿线无大型果园、国有林场存在，交通条件便利。

故障发生前，该线路一直处于正常运行状态。

2. 天气及环境状况

当地气象部门预报当日最高气温为 34℃，局部地区将伴有短时雷雨大风等强对流天气。故障杆塔 157 号地处平原，周边为农田，较为空旷。

3. 现场情况

资料显示：157 号塔为 ZBV12（4）型自立式角钢塔，导线型号为 4×LGJ－400/35。

实况观测：18 日 10 时左右，作业人员带电登塔检查发现 157 号杆塔 C 相导线、均压环、联板金具均有明显的放电烧伤痕迹，如图 2－14、图 2－15 所示。

图 2－14　导线、均压环放电痕迹

（三）故障原因分析

1. 初步原因分析

（1）复合绝缘子憎水性暂时丧失，引起线路跳闸。

（2）小幅值雷电绕击导线引起线路跳闸。

2. 可能性分析

（1）运维单位对故障相的复合绝缘子更换后进行了憎水性测试，测试结果如图 2－16 所示。与复合绝缘子憎水性标准比照图对比后显示其憎水性为 HC2 级，符合线路正常运行的要求，如图 2－17 所示。因此排除复合绝缘子憎水性丧失引起跳闸的可能。

图 2－15　联板金具放电痕迹

图 2－16　故障相复合绝缘子憎水性
测试局部照片

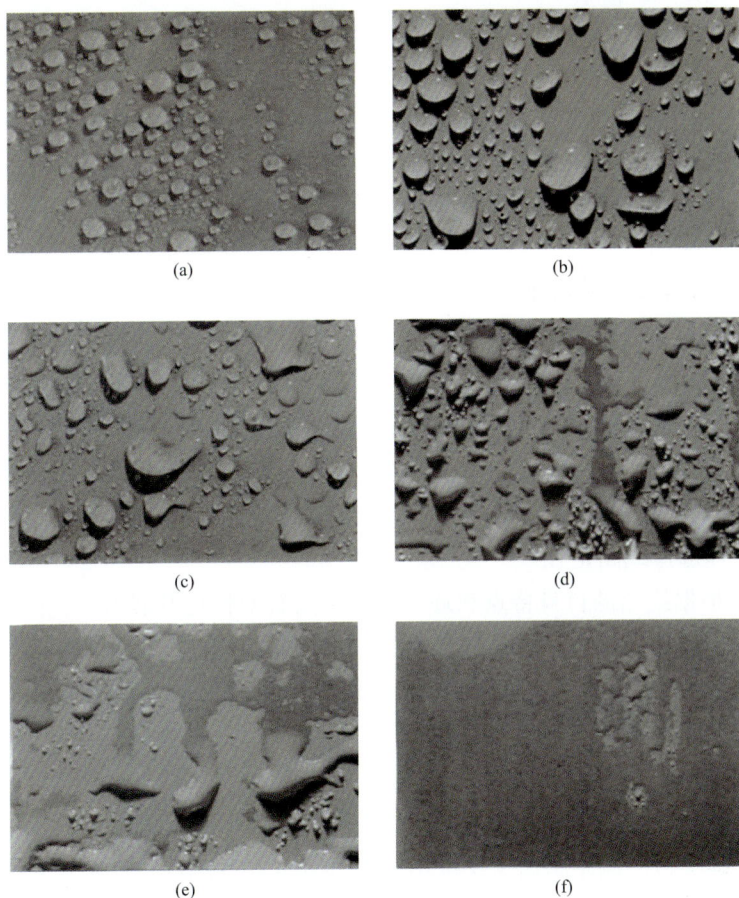

图 2-17　复合绝缘子憎水性标准比照图
（a）HC1；（b）HC2；（c）HC3；（d）HC4；（e）HC5；（f）HC6

（2）故障当天，当地出现了短时雷雨大风等强对流天气。根据雷电定位系统查询结果，在故障发生时 157 号杆塔附近有落雷，雷电流 -69.9kA。专业技术人员通过对故障杆塔金具、绝缘子、均压环、导线等处的放电痕迹分析认为，高压输电线路由于自身的结构特点，在雷电发生时，可将幅值较高的强雷有效捕捉截获，通过杆塔自身的接地系统瞬间流入大地，从而避免线路跳闸故障的发生。而幅值较低的弱雷直击避雷线和杆塔本体的概率较小，极有可能绕过避雷线和杆塔的保护绕击导线，小幅值的雷电流超出了线路的绕击耐雷水平，造成了线路的跳闸。

因此判定：500kV ××线 157 号杆塔由于遭受小幅值雷电绕击导线引起空

气击穿造成线路跳闸。

（四）暴露问题

（1）不同区域、不同地段的线路没有认真进行差异化防雷设计，防雷措施缺乏针对性。

（2）运维单位没有结合线路的实际特点进行防雷改造，预防性治理工作开展力度不够。

（五）处理及预防措施

1. 处理情况

线路跳闸后，工作人员对故障杆塔进行了重点检查，并对临近的杆塔开展了隐患排查，为下阶段防雷工作的开展积累科学依据。

2. 预防措施

（1）认真查阅气象资料，在规划设计前期尽量避开雷电活动较为频繁的区域，合理选择线路走径。

（2）根据线路的自身特点和环境因素，有针对性地开展差异化防雷改造。

（3）积极采用新的防雷装置，为输电线路的综合防雷工作积累实际经验。

二、雷击地线造成线路故障

（一）案例简介

2010 年 8 月 19 日 11 时 48 分，220kV ××线光纤距离保护动作，C 相故障，重合闸失败。测距距离××变电站 3.6km（12 号附近），距离对端 6.1km（15 号附近）。根据故障测距初步确定故障范围应在 12～15 号杆，运维单位立即组织人员赶赴现场进行故障巡视，13 时 17 分，地面巡视人员在 13 号杆处发现架空地线断线，断点搭在 C 相导线上。

（二）基本情况

1. 线路基本概况

该线路于 1988 年 12 月建成投运，线路长度 10.8km，共 36 基杆塔。故障发生前，该线路一直处于正常运行状态。

2. 天气及环境状况

当地气象部门预报当日最高气温为 33℃，局部地区将伴有短时雷雨大风等强对流天气。故障杆塔 13 号地处平原，周边空旷。

3. 现场情况

资料显示：该线路导线采用 2×LGJ－185 型钢芯铝绞线，地线为

GJ－50 型。

实况观测：13 号杆左侧架空地线断线，断头搭在 C 相导线上方，如图 2－18、图 2－19 所示，导线表面有轻微磨损痕迹，无断股。

图 2－18　地线断头

图 2－19　杆塔本体部分

（三）故障原因分析

1. 初步原因分析

（1）架空地线锈蚀断线造成线路故障。

（2）雷击地线造成其断落至导线引起线路跳闸。

2. 可能性分析

（1）专业人员对地线断头进行认真查看，只发现表面存在局部锌层起皮现象，不足以引起锈蚀脆断，因此排除了架空地线锈断造成线路跳闸的可能。

（2）对比河南省雷电定位系统，距该处最近的雷电电流强度为 − 22.4kA，由此可以判断属雷击地线造成其断落至导线，从而引发线路跳闸。

因此判定：雷击地线致其断落至导线引起线路跳闸。

（四）暴露问题

（1）运维单位在重点地区未进行防雷治理，超前防范意识不强。

（2）没有及时掌握设备在恶劣天气下的运行工况，未采取相应的防范措施。

（五）处理及预防措施

1. 处理情况

运维单位组织抢修人员立即对断落的架空地线进行修复，并对相邻杆塔进行认真检查，确保设备运行状况良好。

2. 预防措施

（1）认真搜集微地区、微气象资料，在规划设计前期尽量避免雷电活动较为频繁的区域。

（2）提高输电线路架空地线的分流能力，以减少因过电流发生断线故障。

第五节　外力破坏故障

一、吊车碰线造成线路故障

（一）案例简介

2011 年 4 月 9 日 11 时 20 分接省调通知，500kV ××线于 18 时 17 分跳闸，选相 C 相，重合不成功。故障测距距××变电站 14.4km（40 号杆塔附近），距对端 46km（31 号杆塔附近）。接省调通知后，运维单位迅速启动应急预案，组织巡视人员对 500kV ××线 25 ~ 45 号杆变电站附近地段进行重点巡视。13 时 40 分，巡视人员发现在 500kV ××线 36 ~ 37 号杆之间 C 相导线下方停有一辆吊车，后检查发现吊车臂上有烧伤痕迹、车顶端滑轮放电痕迹。

（二）基本情况

1. 线路概况

该线路于 2001 年 12 月建成投入运行，线路长度 58.09km，共有铁塔 147 基，其中双回路直线塔 125 基，双回路转角塔 16 基，导线采用 4 × LGJ − 400/

35 型钢芯铝绞线。

故障发生前，该线路一直处于正常运行状态。

2. 故障时天气及环境状况

线路故障时天气晴朗，微风。500kV ××36～37 号杆通道靠近正在建设中的××高速公路跨河大桥。

3. 现场情况

资料显示：36、37 号塔为 SZ1－33 型自立式角钢塔，杆塔呼称高为 33m。

实况观测：巡线人员在 36 号大号侧 50m 处发现××高速公路跨河大桥 G 匝道桥工程正在施工，线路下方停着一辆大型吊车，旁边一群施工人员正在围观、议论。巡线人员立即上前亮明身份，对吊车进行外观检查，经检查，吊车臂上有烧伤痕迹、车顶端滑轮放电痕迹。如图 2－20、图 2－21 所示，导线表面有放电痕迹，外观无损伤，不影响运行。

图 2－20　施工现场示意图

（三）原因分析

1. 初步原因分析

（1）绝缘子质量原因造成线路跳闸。

（2）吊车施工造成线路跳闸。

2. 可能性分析

（1）经登杆人员上杆仔细检查，绝缘子、金具及均压环无电弧灼伤和放电痕迹，护套和伞裙无老化变硬迹象，因此排除绝缘子质量原因造成线路跳闸

图 2-21　吊车顶端滑轮放电痕迹

的情况。

（2）吊车施工造成线路跳闸。

1）2010 年 9 月底，运检公司发现故障位置附近匝道桥工程项目土方工程开始施工，经现场勘查，钻越 36～37 号匝道设计路面距导线净空距离不满足规程要求。10 月初，运检公司以正式文件方式向建设单位发函，同时征询调查整个项目情况，告知安全注意事项，并加大了对该段的巡视监督。

2）2011 年 3 月中旬，运检公司在巡视过程中发现匝道桥工程项目桥梁开始施工，即派专人联系项目施工单位，再一次告知安全注意事项，要求匝道桥工程项目施工方在线路下方或临近导线有大型机械施工时，及时通知运检公司并由运行人员派人进行安全监护。但匝道桥工程项目施工单位在本次作业中，未通报运检公司即擅自开工，在作业中未严格落实安全措施，施工人员、吊车司机违章施工造成吊车对导线放电跳线路闸故障。

因此判定：吊车司机违章施工造成了导线对吊车放电，引起线路路闸故障。

（四）暴露问题

（1）运维单位对输电线路隐患地域性特点分析不足，管理上存在漏洞。

（2）线下施工人员安全意识淡薄，严重违章施工，在临近高压输电线路通道内施工，没有经过电力主管部门批准，现场没有采取相应的安全措施及监护措施。

（3）运维单位虽采取措施，但是不具备监督执行手段，存在执行难问题。

（五）处理及预防措施

1. 处理情况

经检查，导线外观有轻微放电痕迹，不影响运行，后汇报调度后该线路送电正常。

2. 预防措施

（1）对特殊区域的输电线路，缩短巡视周期，与属地相关单位加强沟通，共同维护输电线路的安全运行，确保线路可控、在控。实行各种危险源动态预警管理，对特殊区域内的输电线路要制订有针对性的事故预想和管理防范措施。

（2）加强线路通道内施工的监督力度，通过对《电力设施保护条例》宣传，督促施工单位及时到运维单位办理批准手续并采取相应的安全措施，使运维单位能够及时派人进行现场监护。

（3）加大违章通知书的送达力度，对线路通道内出现有可能危及线路运行的违章作业，及时下达违章通知书，并对存在事故隐患的临近杆塔悬挂相应的警示牌，提醒通道附近作业等人员活动时应注意安全。

二、异物缠绕导线造成线路故障

（一）案例简介

2010 年 4 月 16 日 12 时 22 分，110kV ××线距离 I 段保护动作跳闸，重合成功，报告显示为 B、C 相故障，测距距离××变电站 5.2km。运维单位接通知后，立即组织人员根据故障测距情况对故障区段 25 ~ 31 号杆进行重点巡查，发现 29 ~ 30 号杆两相导线悬挂风筝。

（二）基本情况

1. 故障线路基本概况

该线路于 1982 年 7 月建成投运，线路长度为 23.693km，共计 79 基杆塔。故障发生前，该线路一直处于正常运行状态。

2. 故障时天气及环境状况

故障区域天气情况：据当地气象部门提供的气象信息，气温 10 ~ 17℃，西北风 2 ~ 3 级。故障杆塔地处市区河堤上。

3. 现场情况

资料显示：该线路导线型号为 LGJQ - 185，相间距离为 4.56m。

实况观测：线路 29 ~ 30 号杆两相导线之间挂有一个风筝，经对导线外观进行检查，未见导线断股等异常情况，如图 2 - 22 所示。

图 2 - 22　故障现场

（三）故障原因分析

1. 初步原因分析

（1）树木距离不够引起线路跳闸。

（2）异物刮至导线引起线路跳闸。

2. 可能性分析

（1）线路走径成东南走势，与河流平行而建，正处在河堤上，附近多为观赏树木。没有影响线路安全运行的超高树木，树木距导线保持足够的安全距离，不会引起线路跳闸。因此排除树木距离不够引起线路跳闸的可能。

（2）根据现场实地环境观测，故障区域线路途经市区，处在河堤上，休闲散步人多，线路两相导线之间挂有一个风筝，风筝长约11.5m，地面上未见风筝线等物。可以断定，是附近居民利用中午休闲时间到河堤上放风筝，因操作不当，风筝被风直接刮到线路导线两相之间，造成线路跳闸。

因此判定：有人在线路附近放风筝，挂至导线造成线路跳闸。

（四）暴露问题

（1）运维单位对输电线路隐患地域性特点分析不足。

（2）运维单位宣传力度不够，现场附近没有线路警示牌。

（五）处理及预防措施

1. 处理情况

将缠绕在导线上的风筝处理后，经检查，导线外观有轻微放电痕迹，不影响运行，汇报调度后该线路送电正常。

2. 预防措施

（1）认真开展线路危险源排查，对风筝展放频繁区域加大巡视力度，及时阻止市民在线路附近展放风筝。

（2）加大《电力法》宣传力度，在风筝展放频繁区域设立安装警示牌，及时提醒市民避开在线路附近展放风筝。

三、爆破采石导致断线故障

（一）案例简介

2007年7月9日9时59分，运维单位接到地调通知110kV ××线跳闸，零序Ⅱ段动作A相故障，重合失败，测距距离××变电站28.38km。立即组织人员赶赴现场进行故障巡视。12时40分，巡视人员汇报××线49～50号塔边线断线。

（二）基本情况

1. 故障线路基本概况

110kV ××线全长为 19.3km，共计 75 基杆塔，其中铁塔 2 基，铁柱 44 基，混凝土电杆 29 基。故障发生前，该线路一直处于正常运行状态。

2. 故障时天气及环境状况

线路跳闸时天气晴，微风，故障段线路位于山区，附近多采石场。

3. 现场情况

资料显示：49 号塔为 ZB1-21 型自立式角钢塔，导线型号 LGJ-185。

实况观测：运维单位巡视人员巡至 49~50 号塔时，发现右边线 A 相距 50 塔 70m 处导线断股，49 号塔自下横担 1.2m 处扭曲变形，并在地面上找到大小不一的石块。如图 2-23、图 2-24 所示。

图 2-23　施工现场示意图

图 2-24　49 号塔主材变形

（三）故障原因分析

1. 初步原因分析

（1）人为破坏导致。

（2）大型机械施工致使线路跳闸。

（3）采石场炸石致使线路跳闸。

2. 可能性分析

（1）根据现场实地环境观测，导线断股及铁塔主材变形情况及位置来看，光靠人力恶意破坏，从技术上及理论上都不可能，不是人为破坏造成线路跳闸。因此排除人为破坏造成线路跳闸的可能。

（2）线路所处位置附近没有道路，也没有车辆经过的痕迹，未见建房、架线等施工痕迹，因此排除大型机械施工致使线路跳闸的可能。

（3）经现场勘查，并通过聘用的当地护线人员了解，近年来在 50 号塔附近时有炸石现象，该档导线上有多处断股现象发生。结合当时 110kV ××线所带负荷情况分析：违章炸石导致导线断股，在大张力作用下，进一步加剧断股处导线的损伤，导线断股处发生局部高温熔断导线，导致该线路 A 相导线断线，造成线路故障。

因此判定：违章炸石造成导线断股，在局部高温的情况下熔断，造成线路故障。

（四）暴露问题

（1）运维单位在线路运行管理上，对特殊区域、特殊地段监督性检查不到位，危险源的预控措施落实没有很好执行，致使部分巡视人员责任心不强，安全意识淡薄，出现巡视不到位。

（2）运维单位对可能危及线路的隐患预判不够，没有采取相应的防范措施。

（五）处理及预防措施

1. 处理情况

将杆塔主材局部加固补强后，重新展放断落相导线，并对附近区域的设备进行了认真检查。

2. 预防措施

（1）运维单位对线路通道内各种危险源进行统计，根据可能产生的危害程度，实行动态预警管理，按照隐患分级情况及时处理，杜绝各种隐患的长期存在。

（2）加强《电力法》及《电力设施保护条例》的宣传，摘录《电力法》及《电力设施保护条例》中的有关条款，印制宣传单向线路保护区的村民散发，强化村民护线保电的意识，向村民开展有偿举报线路异常的活动，对于边远山区、违章炸石区开展有偿巡线。

第六节　材料质量及出厂质量故障

一、导线制造工艺不良造成断线故障

（一）案例简介

2009 年 7 月 10 日 7 时 37 分，220kV ××线双高频动作跳闸，重合失败，A 相接地故障，测距距离××变电站 7.4km（20 号附近），距离对端 72.1km

（22号附近），由此推算故障点应在220kV××线19～22号杆之间。运维单位接通知后，立即启动应急预案，组织人员赶赴现场进行故障巡视。8时47分，巡视人员汇报××线20～21号杆之间中线导线断线。

（二）基本情况

1. 线路基本概况

该线路于1986年建成投入运行，全长78.23km，共使用铁塔114基。

故障发生前，该线路一直处于正常运行状态。

2. 天气及环境状况

故障区域天气情况：据当地气象部门提供的气象信息，线路跳闸时阴天，有阵雨，风力2～3级，无雷电活动；该跨河档570m。跨越河流河水深约1～2m，通道内偶尔有采沙船经过。

3. 现场情况

资料显示：该线路故障区段导线型号为LGJ-300/40，地线型号为GJ-50，最大设计风速30m/s。

实况观测：故障现场220kV××线20～21号杆之间A相导线断落地面，该档跨越河流，档距为570m。现场实测风速3.2m/s。现场尺寸示意如图2-25所示。

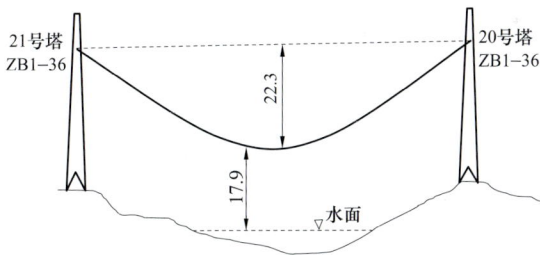

图2-25　现场尺寸示意图

（三）原因分析

1. 初步原因分析

（1）抽沙船移动中碰线造成断线。

（2）枪击（捕鸟）或炸石造成导线断线。

（3）雷击导线造成断线。

（4）钢芯局部严重锈蚀，铝股部分断股。

（5）导线外部损伤，局部发热引起断线。

（6）导线钢芯存在钢丝对接，过牵引时有部分钢丝开断。

（7）导线制造时钢芯存在局部质量隐患。

2. 可能性分析

（1）现场距断线点横线路方向 350m 处河道内有一艘抽沙船，吸沙桅杆高 20.7m，高于导线 2.8m，存在桅杆挂断导线的可能性。若该假设成立，将有拉弧放电、接地、断线一系列过程。然而经现场查看发现：桅杆没有放电痕迹；断落导线表面没有挂擦印记。同时询问当地村民了解到：① 由于汛期内严禁河道采沙，该抽沙船近期没有作业；② 抽沙船在作业位置转移时必须将桅杆放倒，方可移动，放倒后桅杆距水面只有 3m 高左右，不足以对线路安全运行构成威胁；③ 据现场一位捕鱼的目击者反映，线路跳闸时听到一声巨响，观察到导线落入水中。因此排除抽沙船碰线引起线路跳闸断线的可能。

（2）查看断落导线断面外观，没有发现弹道伤痕；通过向当地村民了解，当地村民没有听到枪声，也没有见到携枪人员；对故障区域周边进行调查，没有发现炸石现象。因此排除枪击或炸石造成断线的可能性。

（3）如果雷电直击或绕击于导线，出现的短时大气过电压将引起相邻杆塔同相绝缘子串击穿，相邻连接金具、挂点和接地引下线等都应有放电痕迹。检查杆塔接地线、绝缘子串、连接金具等，均没有发现放电痕迹；向当地群众了解情况并查阅雷电定位系统显示，故障线路跳闸时附近没有出现雷电活动。因此排除雷击导线造成断线的可能性。

（4）对导线断口处长度 200mm 范围内的钢芯进行外观检查，没有发现大面积锈蚀及斑点状锈蚀情况。因此排除钢芯锈蚀引起导线断线事故的可能性。

（5）导线在施工或长期运行中，可能会存在导线局部损伤，若因导线损伤引起局部发热导致断线，导线外层应有局部损伤和烧伤熔断痕迹。从现场导线断面来看，外层铝导线没有明显烧伤熔断旧痕迹，而呈现锥形颈缩断面。因此排除导线外部损伤局部发热引起断线事故的可能性。

（6）对导线断面进行观察，钢芯呈现整体性回缩，断裂处两侧未发现钢芯单丝有对接痕迹。因此排除导线钢芯内部出现接头，过牵引损伤造成断线事故的可能性。

（7）查阅杆塔的相关图纸资料，相关试验报告、合格证书均齐全。分析导线断裂的原因最大的可能是导线在制造过程中，该处钢芯存在隐患，如局部损伤、局部钢丝制造缺陷、含有杂质等。由于该档大跨越，导线的垂直荷载相对较大，该段线路走径通过局部的微气象区，即高湿度区、河谷风口区、覆冰区、舞动区、高振动区，易雷击区，运行工况恶劣。在导线悬链线的交变荷载作用下，局部弯曲应力变大，造成金属疲劳，钢丝逐渐脆断，随着钢丝脆断的增多，导线破断力大大下降。从导线断面可以看出，断裂的钢芯整体性回缩，说明钢芯是在承受运行张力情况下先行断裂的，而铝层部分出现不规则断面，铝单丝出现锥形颈缩断面，说明在钢芯断裂的瞬间，铝线部分承受了全部张力，从而出现不规则的断面，如图 2 - 26 所示。

图 2 - 26　导线断面

因此判定：导线钢芯因制造工艺不良造成断线。

（四）暴露问题

（1）在厂家供应导线到货后，运维单位没有对导线进行抽检，进行导线拉力试验。

（2）设计部门没有对特殊区域的现场环境进行认真研究、分析，设备取型缺乏针对性。

（3）运维部门没有做好线路大档距、重要跨越的检测工作。

（五）处理及预防措施

1. 处理情况

按照紧急制订的抢险方案，运维单位采用帕尔普全张力接续金具恢复断落导线，并组织人员对临近杆塔进行仔细检查，18 时 25 分抢险结束，汇报地调后线路送电。

2. 预防措施

（1）严格控制施工阶段的质量管理。对施工材料选取、施工工艺要求、验收投运，进行全过程质量控制，防止出现导线出厂质量证明不全、导线表面铝股松弛、导线展放出现金钩、导线表面严重擦伤、施工中严重过牵引等，避免使含有隐性缺陷的导线进入生产运行环节。

（2）加大特殊区域输电线路的巡视、检测力度，发现问题及时处理，确保电网安全稳定运行。

二、生产工艺不良造成导线松股故障

（一）案例简介

2006 年 9 月 29 日，运维单位在正常验收 110kV ××线路时，发现 24～27 号杆之间的中相导线外表出现不同程度的弯曲，同绞向的间隙过大，不够密实。

（二）基本情况

1. 线路概况

该线路于 2006 年 9 月 27 日建成，全长 26.992km，共使用铁塔 116 基。

2. 天气及环境状况

验收现场天气晴朗，微风。验收线路地处平原。

3. 现场情况

资料显示：该线路选用 LGJ - 185/30 型钢芯铝绞线，地线采用 GJ - 35 型镀锌钢绞线。

实况观测：验收结果汇总，线路全线 A、C 两相大部分导线都存在不同程度的弯曲，同绞向的间隙过大，不够密实，如图 2 - 27 所示。

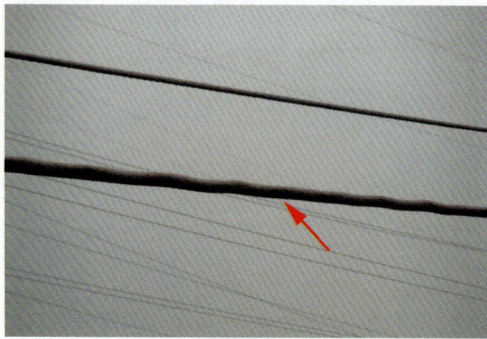

图 2 - 27　导线表面出现弯曲

（三）原因分析

1. 初步原因分析

（1）施工工艺不良。

（2）导线质量不合格。

2. 可能性分析

（1）通过对施工队仓库检查，发现施工所用的放线滑车、导线夹头等工器具都符合施工要求，没有出现放线滑车等以小代大，损坏等现象。因此排除因施工工艺不良引起线路导线受伤的可能性。

（2）查阅相关资料，发现导线生产厂家提供的产品说明书、材质报告、合格证等资料不齐全，运维单位立即对同一批次导线进行抽检，并送到试验部门进行拉力试验。试验结果证明，所送导线样品，在试验中未达到要求，额定拉力就已出现断股现象，试验结论为此批次导线在生产中存在严重质量问题，产品不合格，如图2-28所示。

图2-28　试验后导线表层铝股断面

因此判定：导线质量不合格是引起线路导线受损的主要原因。

（四）暴露问题

（1）招标人员没有对生产厂家进行详细的了解、审查，致使生产厂家在产品不合格的同时参加投标，并且中标。

（2）物资公司在接收货物时，没有详细检查、核对生产厂家提供的产品说明书、材质报告、合格证等资料。

（3）负责工程的责任方没有对导线进行抽检、试验。

（4）施工队及监理人员责任心不强。

（五）处理及预防措施

1. 处理情况

对线路进行全面细致检查，将该厂家所生产的导线全部更换。

2. 预防措施

（1）健全制度，从源头抓起，严把厂家产品质量关。

（2）对以后新进的设备，将厂家提供的产品说明书、材质报告、合格证等资料建立档案。

（3）做好新进设备抽检、试验工作。

（4）加强施工队伍的素质培训，增强施工人员责任心。

第七节　风　偏　故　障

一、导线（直线）风偏距离不足造成线路故障

（一）案例简介

2010 年 10 月 26 日 19 时 57 分，500kV ××线跳闸重合不成功，强送不成功，故障为 A 相。故障录波器显示 500kV ××变电站故障点距××变电站 17.1km（36~39 号塔附近）。运维单位接通知后，立即组织人员赶赴现场进行故障巡视。但是没有发现明显故障现象，巡视人员将结果汇报公司，公司指派人员对故障区域杆塔进行逐基登杆检查，10 月 27 日 10 时 40 分发现 38 号铁塔 A 相（左上相）线测均压环、导线垂直正上方横担下平面角铁都有明显的闪络、烧伤痕迹，确定 38 号塔为故障点。

（二）基本情况

1. 故障线路基本概况

该线路全长 76.83km，共有铁塔 169 基，2006 年 6 月投入运行。故障发生前，该线路一直处于正常运行状态。

2. 天气及环境状况

线路发生跳闸时，线路所在区域有强对流天气活动，省气象台在 17 时 40 分发布雷雨大风蓝色预警："未来 6h 内全省将出现雷雨大风天气，风力达 6~7 级并伴有雷雨，局部有冰雹和强降水。"线路故障处的地形为平原，且较为开阔，附近无明显的风口或其他地形特征。10 月 26 日现场实测最大风速为 20m/s，无打雷现象。

3. 现场情况

资料显示：本线路故障区段选用 4×LGJ-300/40 型钢芯铝绞线。地线选用 GJ-80 型镀锌钢绞线，设计覆冰厚度为 10mm。最大设计风速 30m/s。

实况观测：38 号塔 A 相（左上相）导线侧均压环、铁塔左侧上曲臂外侧角铁都有明显的放电痕迹。如图 2-29 所示。

（三）原因分析

1. 初步原因分析

（1）雷击线路引起故障。

（2）绝缘子质量原因引起线路故障。

（3）大风造成风偏引起线路故障。

2. 可能性分析

（1）通过现场实测天气及查询雷电定位网络系统，线路跳闸时，没有雷落在跳闸附近。因此排除雷击引起线路跳闸的可能。

图 2-29　线路跳闸杆塔

（2）对绝缘子的外观进行检查，虽然绝缘子导线侧均压环有明显的闪络、烧伤痕迹，导线侧合成绝缘子个别伞群上有闪络痕迹，但对更换下来的绝缘子测试后证实，绝缘子不存在质量原因。因此排除绝缘子质量原因引起线路跳闸的可能。

（3）大风造成风偏引起线路故障。线路发生跳闸时，故障地区正逢强对流天气，雷暴活动频繁，狂风大作，暴雨如注，空气中湿度较大，暴雨使空气绝缘降低。由于 38 塔地势较高，强烈的西北风使导线漂移、上摆，合成绝缘子均压环与铁塔横担距离过近造成空气击穿，引起线路跳闸。由于大风、雷雨的持续性，重合、强送不成功。

因此判定：直线导线在强风作用下，向塔身侧风偏过度，造成线路跳闸，重合不成功。

（四）暴露问题

（1）在恶劣天气下，运维单位对可能危及线路的隐患预判不够，没有采取相应的防范措施。

（2）设计部门没有对特殊区域的气象环境进行认真研究、分析，设备取型缺乏针对性。

（五）处理及预防措施

1. 处理情况

更换了故障相的绝缘子及金具，汇报调度后线路送电正常。

2. 预防措施

（1）认真查阅气象资料，在规划设计前期尽量避开重冰区、易舞区等特殊区域，合理选择线路走径。

（2）对现有杆塔进行改造，加大杆塔空气间隙。

（3）对微地形地区线路安装微气象等在线监测装置，及时采集线路气象信息，为风偏治理及事故预防提供基础资料。

（4）对重要线路、特殊区域进一步加大巡视力度，在恶劣天气下缩短巡视周期，实时监控线路的运行状况，及时制订防范措施。

二、引流线（耐张）风偏距离不足造成线路故障

（一）案例简介

2004 年 10 月 21 日 7 时 16 分，运维单位接到地调通知：220kV ××线双高频、零序 I 段保护动作，线路跳闸，B 相故障，重合成功，测距显示距××变电站 4.7km（78 塔附近），距对端 21.8km（85 塔附近）。运维单位接通知后，立即启动应急预案，组织地面巡视人员、登杆人员赶赴现场进行故障巡视。没有发现明显故障点，通过线路故障区域的村民了解到，7 点左右在 15 号塔附近听见塔上巨响，登杆人员随即登杆检查，10 时 40 分发现 15 号铁塔中相引流处铁塔主材有明显的烧伤痕迹，确定 38 号塔为故障点。

（二）基本情况

1. 线路基本概况

该线路建成投运于 1988 年 7 月，线路长度为 28.022km，共计 91 基杆塔，故障发生前，该线路一直处于正常运行状态。

2. 天气及环境状况

10 月 21 日，该地区出现大风，根据线路气象在线监测系统显示，现场主风向为西北风，最大瞬时风速为 19.2m/s（旋风），即 8 级以上。

3. 现场情况

资料显示：导线型号为 LGJQ-300/40，地线型号为 GJ-50，最大设计风速为 30m/s。

实况观测：220kV ××线 15 号铁塔接地线上有明显的放电痕迹，如图 2-30 所示。中相引流处水平方向铁塔主材有明显的放电痕迹，如图 2-31、图 2-32 所示。

（三）原因分析

1. 初步原因分析

（1）异物刮至导线引起线路跳闸。

（2）导地线舞动造成线路跳闸。

（3）恶劣天气引起输电线路风偏闪络。

图 2 - 30　15 号塔接地体放电痕迹

图 2 - 31　塔身放电痕迹

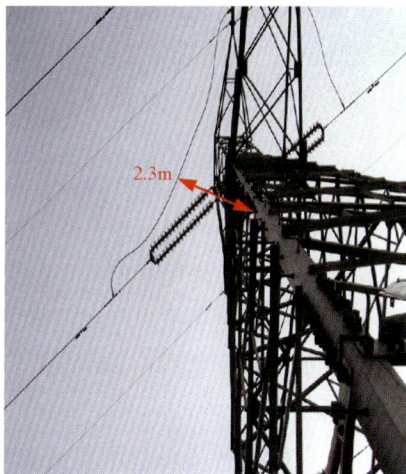

图 2 - 32　引流线对塔身距离

2. 可能性分析

（1）经地面巡视人员现场查看，未发现导线上缠绕有异物，地面也没有发现断落的缠绕物等现象。因此排除异物刮至导线造成线路故障的可能。

（2）线路覆冰是舞动的必要条件之一，现场观测导线上没有覆冰，不满足导线舞动条件，且跳闸线路及附近线路均未发现导线舞动现象，因此排除导地线舞动造成线路跳闸的可能。

（3）测量中相引流线与塔身的最小距离为 2.3m，满足相关规程规定。结合当天的天气状况及查到明显的故障点，确认是引流线跳线杆在强风的作用下发生偏转对塔身风偏过度造成放电，因此强旋风是造成此次跳闸的主要原因。

因此判定：耐张引流线在强风作用下，向塔身侧风偏过度，对塔身发生放电，使线路跳闸。

（四）暴露问题

（1）在恶劣天气下，运维单位对可能危及线路的隐患预判不够，没有采取相应的防范措施。

（2）在进行线路改造时，设计单位没有充分考虑到微地形条件对线路风偏角设计的影响，

（五）处理及预防措施

1. 处理情况

故障点发现后，对导线外观进行检查，未见导线断股现象；同时对相邻杆塔进行详细检查，也未见异常。在 220kV ××线 15 号塔地线横担上，对塔头进行改造，将一串耐张跳线绝缘子改为独立的两支合成绝缘子并加三片重锤，利用两支绝缘子将跳线杆固定，控制引流线的摆动范围，防止线路再次跳闸。

2. 预防措施

（1）对线路改造（尤其利用原有转角杆塔）的变更设计，应经过充分论证，对原有老旧杆塔转角度数对于新建线路的适用性，新线路走向、引流跳线的空间位置及风力作用对旧杆塔的影响等应给予高度重视；对干字形塔，应根据需要增加跳线绝缘子串和跳线杆。

（2）加强对新建线路的引流线空间绝缘距离的验收，发现问题及时反馈，及时处理。

（3）对现有杆塔进行改造，加大杆塔空气间隙。

（4）对微地形地区线路安装微气象等在线监测装置，及时采集线路气象信息，为风偏治理及事故预防提供基础资料。

第三章

绝　缘　子

第一节　污　闪　故　障

绝缘子污闪故障

（一）案例简介

2009 年 2 月 9 日，220kV Ⅰ ××线和 220kV Ⅱ ××线光纤差动保护、高频闭锁主保护动作跳闸共 8 次。其中 220kV Ⅰ ××跳闸 5 次，跳闸时间分别为 17 时 5 分、17 时 11 分、22 时 21 分、22 时 31 分、22 时 45 分，故障相分别为 B、C、A、C、B 相，故障测距距××变电站 10km，重合闸动作成功。220kV Ⅱ ××线跳闸共 3 次，跳闸时间分别为 16 时 56 分、22 时 31 分、22 时 55 分，故障相分别为 C、B、A 相，故障测距距××变电站 10km，重合闸动作成功。23 时 20 分，中调下令操作 220kV Ⅰ 、Ⅱ ××线停运备用。接到调度通知后，线路运行负责人立即派人进行故障巡视，发现 220kV Ⅰ 、Ⅱ ××线 31 号塔受电侧绝缘子表面有放电痕迹。

（二）基本情况

1. 线路概况

220kV Ⅰ ××线和 220kV Ⅱ ××线为同塔双回线路，线路总长 26km，导线型号为 2×LGJ－300/40，全线共有杆塔 89 基，直线杆塔采用 FXBW－500/300 型复合绝缘子，耐张杆塔采用 XWP－10 型绝缘子，2007 年 6 月投入运行。故障发生前该线路一直处于正常运行状态。

2. 天气及环境情况

故障当日天气为雨夹雪，气温 －2~4℃，西北风 3~4 级。故障前该地区已连续 135 天未发生有效降雨。220kV Ⅰ、Ⅱ××线 31 号塔地处平原，杆塔附近两年来陆续增开了多家净化剂厂，如图 3－1 所示。

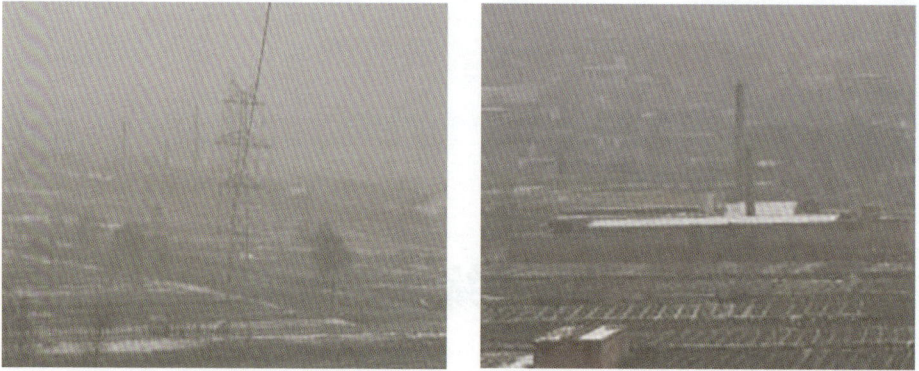

图 3－1　故障塔所处位置及附近的净化剂厂

3. 现场情况

资料显示：故障杆塔为 SJ2－33 型自立式角钢塔，该区域绝缘配置按 b 级污秽等级配置，绝缘子型号及片数为 2×XWP－10×14。

实况观测：220kV Ⅰ、Ⅱ××线 31 号塔绝缘子串、联板、直角挂板上均有放电痕迹，且绝缘子串上积污较多，如图 3－2 所示。220kV Ⅰ、Ⅱ××线的放电情况均集中在该塔的受电侧。绝缘子串放电位置见表 3－1。

表 3－1　　　　　　　220kV Ⅰ、Ⅱ××线绝缘子串放电位置统计

名称	相别	闪络位置（受电侧）	闪络位置（送电侧）	备　注
Ⅰ××线 31 号塔	上（外）	1、7、9、10、13、14	无	绝缘子型号及片数：XWP－10×14×2； 闪络情况：绝缘子表面烧伤面积两端较大，中间较小； 连接金具情况：有轻微烧伤，不影响正常运行； 闪络位置：全部集中在受电侧
	上（内）	无	无	
	中（外）	1、2、4、6、9、10、13、14	无	
	中（内）	1、4、6、9、10、13、14	无	
	下（外）	1、2、3、5、6、8、9、12、14	无	
	下（内）	1、2、5、8、9、12、14	无	
Ⅱ××线 31 号塔	上（外）	1、7、12、13、14	无	
	上（内）	1、2、3、6、7、12、13、14	无	
	中（外）	1、13、14	无	
	中（内）	1、2、6、10、13、14	无	
	下（外）	1、13、14	无	
	下（内）	1、2、3、4、5、6、7、8、9、12、13、14	无	

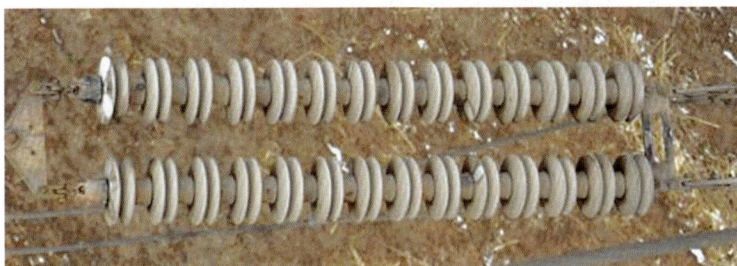

(a)

(b)

(c)

图 3 - 2　放电痕迹及积污情况

（a）放电绝缘子串整体图；（b）放电痕迹局部图；（c）绝缘子积污局部图

（三）原因分析

1. 初步原因分析

通过现场绝缘子和金具上的放电痕迹、绝缘子上的积污以及天气情况等，初步判断线路跳闸是由污闪引起的。

2. 可能性分析

相关技术专家根据故障杆塔的周边环境、绝缘子污秽等级配置情况、天气因素等多方面进行详细分析，查找造成污闪事故的原因。

（1）周边环境影响。31 号故障塔附近两年来新增了多家净化剂厂，净化剂厂排放的污染物质主要是碳粉粉尘和酸性物质，均为导电物质。由于距故障塔较近，排放的污染物质易附着在绝缘子串上。

（2）天气情况影响。故障区域发生故障前 135 天均未有效降雨，天气比较干燥，适宜粉尘的传播，绝缘子表面附着大量粉尘。故障当天的风向为西北风，由该线路的受电侧吹向送电侧，受电侧绝缘子附着粉尘较多。

因此判定：31 号故障塔的绝缘子上积污较多，且含有大量的碳粉粉尘和酸性物质，在雨雪和风的作用下，31 号塔受电侧绝缘子上污秽物潮湿、融解，形成导电通道，引起了绝缘子污闪，造成线路跳闸。

（四）暴露问题

（1）线路运行管理单位没有适时掌握线路运行环境的变化，及时调整线路清扫计划。

（2）运行管理单位巡视安排不到位，恶劣天气下未能加强线路的巡视。

（五）处理及预防措施

1. 处理情况

将 31 号塔所有绝缘子串更换为复合绝缘子，并对邻杆塔绝缘子进行清扫。

2. 预防措施

（1）新建及改建线路应尽量避开化工厂等重污染区域。

（2）对运行环境变化较大的线路应尽可能采用有大小伞裙的复合绝缘子。

（3）对于重污染区域的线路进行盐密检测，制订出检测和清扫的计划，并进行实施。

（4）强化线路的污秽情况动态管理，安装绝缘子污染度在线监测设备。

第二节 雷 击 故 障

一、瓷质绝缘子雷电击穿故障

（一）案例简介

2003 年 7 月 24 日 11 时 32 分，110kV ××线距离Ⅱ段保护动作，线路跳闸，C 相故障，重合不成功，测距距离××变电站 39.75km。接到调度通知后，线路运行负责人立即派人赶赴现场进行故障巡视。工作人员经巡视发现 110kV ××线 138 号杆 C 相绝缘子上有放电痕迹。

（二）基本情况

1. 线路概况

110kV ××线于 1985 年投入运行，线路全长 36.485km，共 140 基杆塔，其中铁塔 2 基，混凝土电杆 78 基，铁柱杆 61 基，导地线型号为 LGJ-185/GJ-35，最后一次大修时间是 2002 年 8 月。

故障发生前，该线路一直处于正常运行状态。

2. 天气及环境情况

当日故障区域天降暴雨并伴有雷电，最高气温28℃，偏东风4~5级。故障区域地处山区，138号杆位于山顶位置。

3. 现场情况

资料显示：故障杆塔为X5-18型带拉线单柱直线铁杆，避雷线保护角为25°；靠近横担侧第1片为XP-7型悬式绝缘子，其余6片为XWP-7型悬式绝缘子；2003年6月进行基塔根部防腐，将接地线浇注在保护层内。

实况观测：从地形上看，138号杆位于山顶，线路高度明显高于周围树木。登杆检查，发现C相绝缘子串上有明显的放电烧伤、击穿痕迹。击穿绝缘子片数为4片，从靠近横担侧数为第1、2、3、7片，击穿痕迹局部情况，如图3-3所示。

图3-3　绝缘子击穿局部图

（三）原因分析

1. 初步原因分析

（1）污闪引起绝缘子击穿跳闸。

（2）绝缘子低值（零值）引起击穿跳闸。

（3）雷击造成绝缘子击穿跳闸。

2. 可能性分析

（1）138号故障杆塔处于山顶，该山区植被较好，且附近没有炸石厂等工业厂矿，2002年8月结合大修，对该线路绝缘子进行过清扫，现场拆下的绝缘子上也没有明显的积污，因此排除污闪引起线路跳闸的可能。

（2）故障杆塔的绝缘子在2003年3~4月的零值测试中，没有发现该线路有低值或零值绝缘子，因此排除绝缘子低值（零值）引起击穿跳闸的可能。

（3）故障当天天气为暴雨且伴有雷电，138号杆位于山顶，线路高度明显高于周围树木，是周围区域的制高点，一旦该区域有雷电活动，138号杆就是落雷的主要地点。

通过登录雷电卫星定位系统，查询当天故障区域的雷电活动情况，见

表 3 - 2。故障杆塔的经度为 112. 769 720 83°，纬度为 33. 689 733 33°。经过与查询的统计数据相对比，在故障杆附近 455m 处有强度为 - 51. 3kA 的雷电活动。

表 3 - 2　　　　　　　　　故障区域雷电活动情况统计

时　间	线路	杆塔号	报警距离 （m）	雷电强度 （kA）	雷电经度 （°）	雷电纬度 （°）
2005 - 07 - 24 11:32:17	××线	72	432	- 12. 7	112. 753	33. 675 3
2005 - 07 - 24 11:32:55	故障线	138	455	- 51. 3	112. 77	33. 688 6
2005 - 07 - 24 11:33:20	故障线	129	1781	- 28. 5	112. 794	33. 694
2005 - 07 - 24 11:33:54	故障线	130	886	- 13. 4	112. 788	33. 700 8

因此判定：雷击杆塔反击，造成绝缘子击穿，使线路跳闸重合不成功。

（四）暴露问题

（1）隐患管理工作不到位，对特殊区域的事故预想不够。

（2）防雷措施不到位，未能做到特殊区域，特殊防护。

（五）处理及预防措施

1. 处理情况

（1）线路运行维护单位立即对故障杆塔 138 号绝缘子进行更换，更换上复合绝缘子。

（2）对该区域的杆塔加装负角防雷保护装置。即在横担边导线悬挂点外测安装水平方向向两侧伸展的避雷针，保障线路的安全运行。

2. 预防措施

（1）新建或改建线路中，杆塔处于山顶的，要在杆塔上加装负角防雷保护装置。

（2）完善雷电卫星定位系统的运行，依据雷电定位系统提供的数据，确定易雷击地区的范围，加强易雷击地区的防雷措施，根据不同情况安装不同的防雷设施。

（3）做好线路接地电阻的测量工作，对接地电阻不符合规程规定要求的杆塔及时进行处理，减少雷害事故的发生。

二、复合绝缘子雷击闪络故障

（一）案例简介

2010 年 8 月 13 日 19 时 48 分，500kV ×× Ⅰ线跳闸，选相 B 相，重合成功。故障测距距××变电站 48km（119 号杆塔附近），52km（130 号杆塔附近）；距××变电站 8km（125 号杆塔附近）。根据故障测距，查明故障点应在 500kV ×× Ⅰ线 119 ~ 130 号杆塔之间。接到调度通知后，线路运行负责人立即安排工作人员进行巡视，发现××Ⅰ线 123 号塔中相绝缘子上下挂点附近以及均压环上均有明显放电痕迹。

（二）基本情况

1. 线路概况

500kV ××　Ⅰ线是××开关变电站至××变电站跨区域的一条超高压输电线路，线路为同塔双回架设，面向受电侧分左右，左侧为×× Ⅱ线，右侧为×× Ⅰ线，全线杆塔×× Ⅰ线为黄色色标。×× Ⅰ线全长 58.09km。2001 年 12 月建成投入运行。故障发生前，该线路一直处于正常运行状态。

2. 天气及环境情况

据当地气象部门提供的气象信息，故障当日 19 时 50 分至 20 时 10 分，20min 时间内雨量达到了 20.5mm，风速 3.4m/s，风向为东北风，雷电强度为强雷电。故障区段为平原，通道内种植小麦等农作物，附近无污染源。

3. 现场情况

资料显示：故障区域导线采用 4 × LGJ – 400/35 型钢芯铝绞线，分裂间距为 450mm。直线塔采用复合绝缘子，型号为 FXBW4 – 500/180C，泄漏比距为 2.4cm/kV，为 2006 年 4 月技改时更换，运行时间为 4 年。故障区域的杆塔及绝缘子情况统计见表 3 – 3。

表 3 – 3　　　　　　　故障区域的杆塔及绝缘子情况统计

×× Ⅰ线杆塔号	杆塔型号	呼称高（m）	档距（m）	导线绝缘子串组合	
				绝缘子型号	串数
122 号	SZT1（4）	30	398	FXBW4 – 500/180C	3
123 号	SZT1（4）	36	424	FXBW4 – 500/180C	3
			477		
124 号	SZT2（4）	42	402	FXBW4 – 500/180C	3

　　实况观测：故障杆塔 123 号所处位置在麦田中，附近无较高树木和建筑。××Ⅰ线 123 号中相绝缘子上下挂点附近以及均压环均有明显放电痕迹，如图 3-4 所示。

(a)　　　　　　　　　　　　　(b)

(c)　　　　　　　　　　　　　(d)

图 3-4　故障点放电痕迹

（a）上挂点均压环烧伤情况；（b）下挂点均压环烧伤情况；

（c）复合绝缘子下挂点附近烧伤痕迹；（d）复合绝缘子上挂点附近烧伤痕迹

（三）原因分析

1. 初步原因分析

（1）复合绝缘子憎水性丧失造成闪络跳闸。

（2）雷击造成绝缘子闪络跳闸。

2. 可能性分析

（1）线路运行管理单位第一时间对故障杆塔上三相绝缘子进行更换，对更换下的复合绝缘子做憎水性测试,如图 3 - 5 所示。与复合绝缘子憎水性标准比照图对比,如图 3 - 6 所示。测试结果为,故障杆塔的绝缘子憎水性为 HC2 级,符合线路的运行要求。因此排除复合绝缘子憎水性丧失引起跳闸的可能。

图 3 - 5　故障相复合绝缘子憎水性测试局部照片

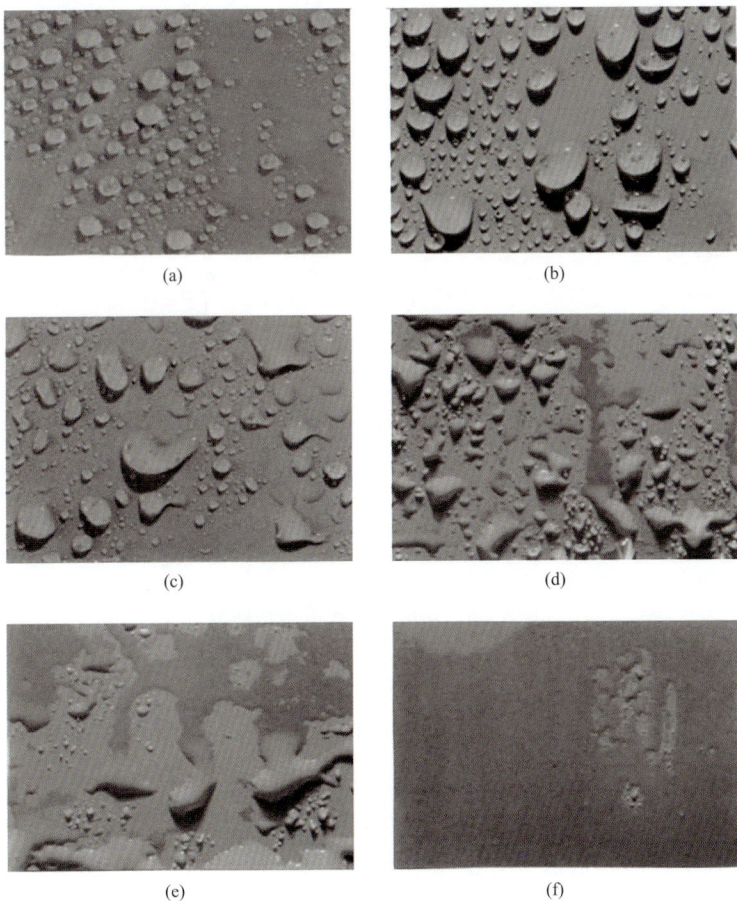

图 3 - 6　复合绝缘子憎水性标准比照
(a) HC1;(b) HC2;(c) HC3;(d) HC4;(e) HC5;(f) HC6

（2）故障区段为平原，故障杆塔处在麦田中，附近无较高树木和建筑，该区域一旦有雷电活动，故障杆塔则为主要的落雷点。线路跳闸时，沿线天气为强降雨，并伴有强雷电活动。据当地群众反映，在故障时间段，有雷电声音，看到天空有闪电，并听到故障杆塔附近有巨大响声。

查询雷电定位系统，在跳闸故障发生前后，123 号附近有一处落雷记录，时间为 19 时 47 分 28 秒，与故障时间 19 时 48 分基本吻合，雷击强度 −78kA，如图 3－7 所示。

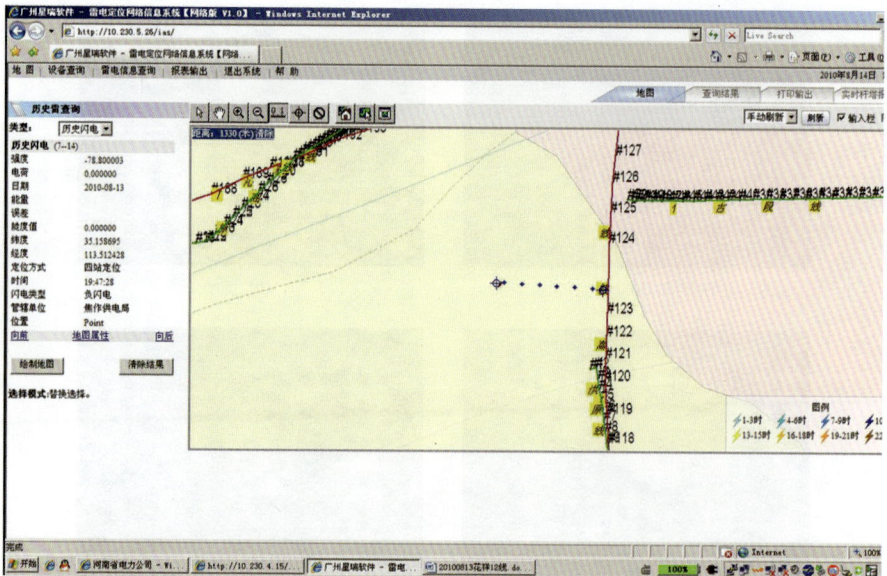

图 3－7　故障区域雷电定位情况

综上所述，2010 年 8 月 13 日傍晚，××Ⅰ线 123 号附近突降大雨，并伴有强雷电活动。19 时 47 分左右在 123～124 号附近有强雷电活动，123 号杆塔为主要落雷点，造成××线Ⅰ线中相过电压。在过电压情况下，上下挂点间形成了沿绝缘子表面连续的导电层，继而发生闪络造成短路跳闸。

因此判定：雷击造成复合绝缘子闪络是线路跳闸的主要原因。

（四）暴露问题

（1）线路运行管理单位对事故预想不到位，未能预防事故的发生。

（2）线路的防雷治理措施不完善。

（五）处理及预防措施

1. 处理情况

对故障的 123 号杆塔三相绝缘子和均压环进行更换。

2. 预防措施

（1）及时查询雷电定位系统，了解和掌握线路运行区域的雷电活动情况，在线路新建或改建时尽量避开雷电多发区，对正在雷电活动多发区运行的线路增加防雷措施。

（2）对所辖线路的防雷装置进行检查，对部分重要线路安装防雷装置或加强防雷措施。

（3）做好线路接地电阻的测量工作，对接地电阻不符合规程规定要求的杆塔及时进行处理，减少雷害事故的发生。

第三节 冰 闪 故 障

绝缘子串贯穿性结冰闪络

（一）案例简介

2008 年 1 月 26 日，某供电公司 220kV ××线双高频保护动作跳闸，选相 C 相，重合成功。故障录波显示故障点距××变电站 2.37km，×××变电站 53.8km。经现场巡视发现，7 号杆与接地引下线连接部位有放电痕迹，C 相绝缘子有放电痕迹。

（二）基本情况

1. 线路概况

220kV ××线全长 72.798km，导线型号为 2×LGJ – 300/40，地线型号为 GJ – 50，杆塔共计 233 基。线路于 2006 年 12 月投运。故障发生前，该线路一直处于正常运行状态。

2. 天气及环境情况

据故障区域气象部门提供的气象信息，2008 年 1 月 26 日日间雨夹雪，微风，温度 –7 ~ –2℃，夜间有冻雨现象。自 1 月 11 日起，连续至 26 日均为中到大雪天气，最低气温 –7℃。故障区段的 7 号和 8 号杆地处小丘陵地区，附近无化工、厂矿等工业企业。

3. 现场情况

资料显示：故障区域杆塔为 ZHX - 21 型高强度直线杆，绝缘子采用 FXBW -220/100 型复合绝缘子。设计最高气温 40℃，最低气温 -20℃，平均气温 15℃，最大风速 30m/s，最大覆冰厚度平地 10mm，相应风速 10m/s；山地 15mm，相应风速 15m/s。

实况观测：7 号杆接地引下线连接处及 C 相绝缘子有放电痕迹，如图 3 -8 所示。地面有散落融化的冰块，7 号杆横担头、绝缘子、均压环上挂有冰挂，如图 3 -9 所示。附近 8 号杆的绝缘子上挂有更长的冰挂，如图 3 -10 所示。

图 3 -8　故障杆接地引下线连接处放电痕迹

图 3 -9　7 号杆故障相上的冰挂

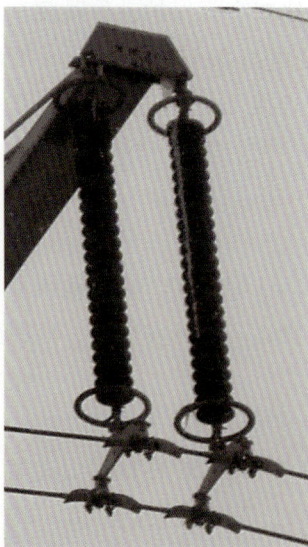

图 3 -10　8 号杆绝缘子上的冰挂

（三）原因分析

1. 初步原因分析

（1）由于鸟类活动频繁，绝缘子表面鸟粪过多，在雪天形成闪络。

（2）绝缘子憎水性差，在雪天形成闪络。

（3）绝缘子表面形成贯穿性冰挂，造成短路形成跳闸。

2. 可能性分析

（1）故障的 7 号杆靠近村庄，附近没有河流、湖泊和湿地，也没有发现附近故障杆塔和附近杆塔上有鸟类栖息过的痕迹。擦拭更换下的三相绝缘子表面后，未发现有鸟粪残留，因此排除鸟粪造成绝缘子污闪故障的可能。

（2）通过现场观察，擦拭掉绝缘子表面的积雪，复合绝缘子表面有一定的污灰，但积污较少，对复合绝缘子做憎水性测试，憎水性为 HC3 级，符合运行要求。因此排除绝缘子憎水性差引起闪络跳闸的可能。

（3）通过现场巡视，220kV ××线路该段路径为南北走向，C 相在线路东侧，地貌为小丘陵区，从微气象、微地貌因素分析，7 号杆与 8 号杆所处位置基本相同，在同一区段的 7 号和 8 号杆上，都结有较长的冰挂。

故障线路直线杆塔上所用的复合绝缘子，伞裙大小相等。在连续多日的雨雪、冻雨及低温的天气情况下，绝缘子表面易形成贯穿性的冰挂，绝缘子表面上有一定的污秽，且冰雪、冻雨中夹有杂质，导致贯穿性冰挂在绝缘子边缘形成导电通道，使导线到横担的绝缘距离不够。

因此判定：复合绝缘子边缘惯穿性冰挂是造成跳闸的主要原因。

（四）暴露问题

（1）运行管理单位对特殊区域的事故预想不到位，未能考虑到特殊的天气因素。

（2）线路运行管理单位对特殊天气的巡视不到位，未能及时巡视到冰挂现象，提前避免事故发生的可能。

（五）处理及防范措施

1. 处理情况

对故障区段有冰挂的复合绝缘子进行更换，观察故障区段外的复合绝缘子有无冰挂现象。

2. 预防措施

（1）在新建或改建线路时，尽量选择上、中、下大小伞裙的复合绝缘子，提高绝缘子抗冰闪能力。

（2）加强雨、雪、冻雨等恶劣天气条件下线路的特殊巡视，提前发现，及时预防。

第四节　鸟　害　故　障

一、鸟粪造成绝缘子闪络

（一）案例简介

2007 年 11 月 9 日 11 时 25 分，220kV ×× Ⅱ线光纤差动保护动作，B

相单相接地，重合成功。故障测距距××变电站 8.9km，计算故障点在 89～90 号杆塔。运行负责人在接到线路跳闸指令后立即组织运行巡视人员进行现场巡视，工作人员巡视发现 89 号塔绝缘子及均压环上有明显的放电痕迹。

（二）基本情况

1. 线路概况

220kV ××Ⅱ线，线路全长 39.039km，杆塔共计 117 基，其中混凝土电杆 75 基，铁塔 42 基，导线型号为 2×LGJ－300，地线型号为 GJ－50。该线路于 2005 年 12 月建成运行。故障发生前，该线路一直处于正常运行状态。

2. 天气及环境情况

据当地气象部门提供的气象信息：故障当天为阴天，风力在 3～4 级，气温 18℃。220kV ××Ⅱ线 89 号塔周边 5km 内无严重污染源，该区域地段为平原，线路下方无树木。

3. 现场情况

资料显示：故障杆塔为 ZB－27 型自立式角钢塔，93～96 号杆之间有 217 国道和相邻的荒坡，92～93 号杆塔跨越××河，档距 390m，90～91 号杆跨越××铁路、××高速公路，档距 330m，如图 3－11 所示。

实况观测：在 88～93 号杆塔区域之间出现成群灰喜鹊和个别野鸡，89 号塔地面及塔身出现大量鸟粪。带电登杆检查，发现 220kV ××Ⅱ线号 89 杆中相（B 相）导线挂点、复合绝缘子表面、两端均压环都有明显放电烧伤痕迹。均压环及复合绝缘子上有大量鸟粪，杆塔横担上还有潮湿的鸟粪，复合绝缘子一处伞裙边缘和鸟粪呈线形分布，如图 3－12 所示。附近的杆塔上筑有鸟巢。

（三）原因分析

1. 初步原因分析

（1）雷击造成复合绝缘子闪络跳闸。

（2）鸟粪造成复合绝缘子闪络跳闸。

2. 可能性分析

（1）向当地群众了解故障时段天气情况，据当地群众反映，未听到有雷声，且当时季节晴天发生雷电活动的可能性极小。登录"雷电定位系统"，查询故障区域当天的雷电活动情况，未发现故障区域当天有雷电活动记录。因此排除雷击造成复合绝缘子闪络跳闸的可能。

(a)

(b)

图 3 – 11　故障杆塔周边环境

（a）故障杆塔附近的河流；（b）故障杆塔附近跨越的高速及国道

（2）通过现场对活动鸟类的统计，发现故障区域离水源较近，因此分布的鸟类种类较多，其中不乏部分个体较大的水鸟。附近环境存在有 217 国道、××铁路、××高速公路，车流量和可听噪声较大，当地村民也在河道区放牧，破坏了鸟类的觅食环境，四周没有树木及高大建筑物可以落脚，鸟类把故障区域作为临时落脚点。从故障相绝缘子上呈线形分布的鸟粪及故障杆塔上还潮湿的鸟粪可以推测出，故障发生时有个体较大的鸟类或多只鸟类在故障相上方排泄。

鸟粪闪络的发展过程可以分为以下三段。第一阶段：鸟粪通道的形成和伸

(a)

放电烧伤

(b)

呈线形的鸟粪

(c)

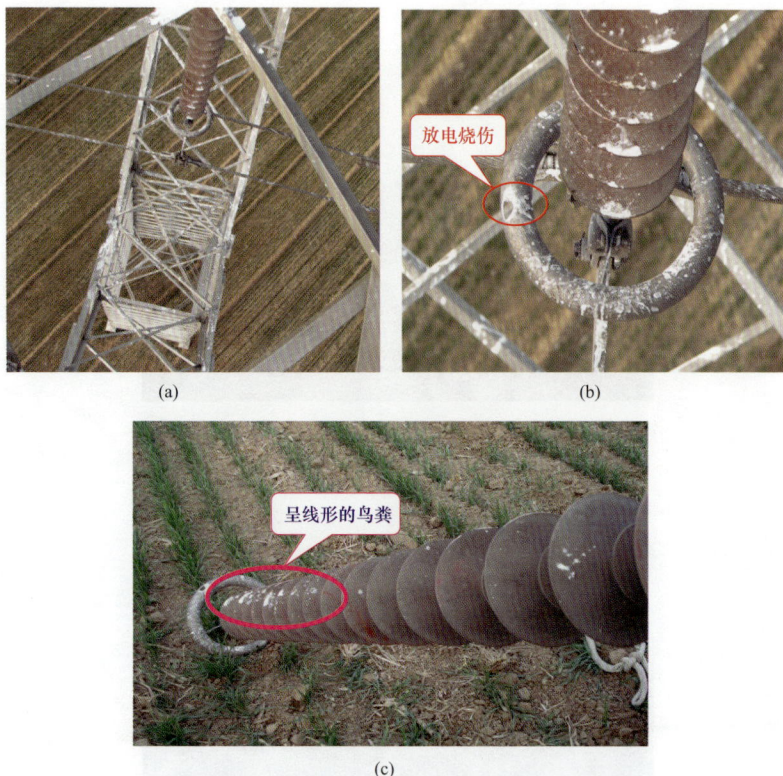

图 3 – 12　故障现场图片

（a）杆塔上鸟粪分布（俯视）；（b）绝缘子及均压环上鸟粪及放电痕迹；

（c）绝缘子伞裙边缘上呈线形分布的鸟粪

长。鸟粪排出后，以自由落体的方式下落，形成一段细长的下落体。第二阶段：绝缘子周围电场发生严重畸变。具有一定导电性的鸟粪通道的介入使绝缘子周围的电场分布发生严重畸变，鸟粪通道的前端与绝缘子高压端之间的空气间隙的电场强度大大增加。绝缘子承受的大部分电压都加在了这一段空气间隙上。第三阶段：空气间隙击穿，完成闪络。当鸟粪通道的前端越来越接近绝缘子高压端时，它们之间的空气间隙被击穿，形成局部电弧。当鸟粪的电导率超过一定值时，局部电弧最终发展成闪络。

因此判定：鸟粪造成复合绝缘子周围电场严重畸变，引起闪络跳闸。

（四）暴露问题

（1）线路运行管理单位防鸟工作不到位，未能在鸟害区的杆塔上加装防鸟刺等防鸟装置。

（2）线路运行管理单位巡视人员对鸟害区的统计不到位，未能及时安排人员拆除杆塔上的鸟巢。

（五）处理及预防措施

1. 处理情况

对故障塔的绝缘子进行更换，更换为带有防鸟害功能大小伞裙的复合绝缘子，如图 3 - 13 所示。对附近的杆塔安装防鸟刺等防鸟装置。

图 3 - 13　更换后的复合绝缘子

2. 预防措施

（1）全面做好鸟害活动区域的调查统计工作，要求线路巡视人员在线路巡视时，认真做好鸟害活动区域、常见鸟的调查统计工作，为全面进行鸟害治理提供依据。

（2）制订鸟害治理计划，对鸟类活动频繁区域内的所有线路杆塔逐一加装防鸟刺。对于近期没有发现鸟类活动，杆塔位置处在河流、湖泊、丘陵、山地、林区地带，按照 3km 范围内所有杆塔加装防鸟刺。

（3）对于新建、改建或新更换的复合绝缘子，尽量采用上、中、下增加大伞裙的复合绝缘子，增大泄漏爬距和遮蔽鸟粪作用，避免鸟粪形成连续附着物造成表面绝缘击穿造成线路跳闸。

（4）加强线路细化巡视，对鸟类活动密集区巡线时做好记录，建立健全线路防鸟害特征区域档案，科学界定与划分鸟害区，根据季节特点，积极开展防鸟害清除鸟巢综合治理活动，为线路状态检修创造有利的运行环境，努力降低鸟害引起的线路跳闸。

二、鸟筑巢造成跳闸

（一）案例简介

2009 年 5 月 15 日 9 时 20 分，110kV ××线距离Ⅰ段保护动作，测距距××变电站 9.7km，C 相单相接地，未投重合闸、充电线路。计算故障点在 47～51 号杆塔之间。接到调度通知后，输电部立即派人对××线进行故障巡视，重点巡视范围为 47～51 号杆塔之间。经巡视发现 49 号塔耐张线夹上悬挂有树枝，耐张线夹处引流线上有放电痕迹。

（二）基本情况

1. 线路概况

110kV ××线全长 22.268km，杆塔共计 107 基，其中混凝土电杆 95 基、铁塔 12 基，导线型号为 LGJ-185，地线型号为 GJ-50。该线路于 1968 年建成运行，其中经历 3 次改建。故障发生前，该线路一直处于正常的充电备用状态。

2. 天气及环境情况

线路跳闸时天气为小雨、微风，据气象部门提供的气象信息，故障发生前一周内，故障区域均为阴雨天气。110kV ××线 46～49 塔位于××农田中，在 47～48 号塔之间有一条小河，附近有一个小池塘。

3. 现场情况

资料显示：故障杆塔为 GJ1-18 型自立式角钢塔，设计最大风速为30m/s，采用 FXBW-110/100 复合绝缘子。

实况观测：49 号塔（耐张塔）下方有一只死灰喜鹊，胸部羽毛有明显烧焦痕迹，地面上散落的树枝和细铁丝，最长的树枝、铁丝长度达到 1.1m，如图 3-14 所示。铁塔横担处有正在搭设的鸟窝，如图 3-15 所示。耐张线夹导线上搭有树枝，长度约 0.8m，如图 3-16 所示。C 相耐张线夹端引流线上有明显的放电痕迹。

（三）原因分析

1. 初步原因分析

（1）雷击造成线路跳闸。

（2）复合绝缘子憎水性丧失引起跳闸。

（3）引流线摆动引起跳闸。

（4）鸟筑巢时所衔导电长物体形成导电通道。

图 3 – 14　铁塔下死灰喜鹊和散落的树枝

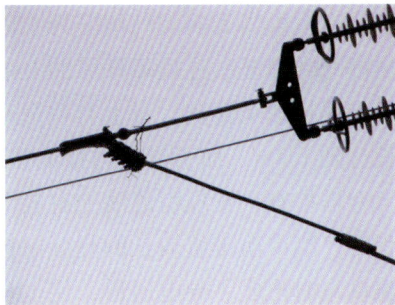

图 3 – 15　横担处正在搭建的鸟窝　　　　　图 3 – 16　耐张线夹附近悬挂的树枝

2. 可能性分析

（1）通过登录"雷电定位系统"网站，查询 2009 年 5 月 15 日 110kV ××线所处区域雷电活动情况，故障当天跳闸线路附近未发现有雷电活动记录。向当地群众了解情况，据群众反映当天未发生雷电活动。因此排除雷击造成引流线绝缘击穿跳闸的可能。

（2）故障发生后，巡视人员登杆检查，未发现复合绝缘子表面及金具有放电痕迹。对复合绝缘子进行憎水性测试如图 3 – 17 所示，与标准规定憎水性结果对比图片对比如图 3 – 6 所示。测试结果为复合绝缘子憎水性级别 HC2，符合运行要求。因此排除复合绝缘子憎水性丧失引起跳闸的可能。

（3）查阅故障线路的设计参数，故障区域的设计风速为 30m/s，故障当天为微风，现场风速测量为 3.8m/s，风速远远达不到引流线摆动的要求。因此排除引流线摆动引起跳闸的可能。

（4）故障地点地处农田，附近有充足的食物和水源，适合鸟类活动，经现场巡视观察，故障点及附近的杆塔上搭建有鸟巢。

图 3-17   故障相复合绝缘子测试照片

故障发生当天的天气情况为小雨天气，且发生了连续多天的阴雨，附近的树枝都非常潮湿。在故障杆塔的 C 相耐张线夹上还悬挂有树枝，长度约 0.8m，塔下有死掉的灰喜鹊，身上有明显烧伤痕迹，地面散落着较长的树枝及铁丝，最长达到 1.1m，而引流线与接地体最小距离为 1.3m。

登塔检查，发现引流线上有放电痕迹，塔下死亡的灰喜鹊，推断其在筑巢过程中，嘴中衔带着较长的潮湿树枝或铁丝，在飞跃绝缘子串上方到达横担处搭建鸟巢时形成了导电通道，使 110kV ××线 C 相接地跳闸。

因此判定：鸟筑巢时所衔导电长物体形成导电通道是此次跳闸的主要原因。

（四）暴露问题

（1）线路运行管理单位防鸟工作不到位，未能在鸟害区的杆塔上加装防鸟刺等防鸟装置。

（2）线路运行管理单位巡视人员对鸟害区的统计不到位，未能及时安排人员拆除杆塔上的鸟巢。

（五）处理及预防措施

1. 处理情况

更换故障相引流线，在 110kV ××线 49 号铁塔及两侧杆塔上安装防鸟装置。

2. 预防措施

（1）全面做好鸟害活动区域的调查统计工作，要求线路巡视人员在线路巡视时，认真做好鸟害活动区域、常见鸟的调查统计工作，为全面进行鸟害治理提供依据。

（2）制订鸟害治理计划，对鸟类活动频繁区域内的所有线路杆塔逐一加装防鸟刺。对于近期没有发现鸟类活动，杆塔位置处在河流、湖泊、丘陵、山地、林区地带，按照 3km 范围内所有杆塔加装防鸟刺。

（3）探索耐张杆塔防鸟害治理方法，研制适用于特殊结构横担的防鸟刺。

（4）加强线路精细化巡视，对鸟类活动区巡线时做好记录，建立健全线路防鸟害特征区域档案，科学界定与划分鸟害区，根据季节特点，积极开展防鸟害清除鸟巢综合治理活动，为线路状态检修创造有利的运行环境，努力降低鸟害引起的线路跳闸。

三、鸟啄复合绝缘子造成其表面破损故障

（一）案例简介

2005 年 1 月 18 日，某超高压运检公司对 500kV ××线进行标准项目检修，陆续发现 11 基杆塔，共 15 支 FXBW－500/300A、4 支 FXBW－500/180Ⅱ复合绝缘子两端部有破损现象。

（二）基本情况

1. 线路概况

500kV ××线全长 58.09km。2001 年 12 月建成投入运行。故障区段导线采用 4×LGJ－400/35 型钢芯铝绞线，分裂间距为 450mm。故障发生前，该线路处于长时间停电检修状态。

2. 天气及环境情况

故障区域在该线路停电检修时间段内，天气均为晴天，微风天气。故障区障地处丘陵地带，线下均为农田，附近山坡、河流较多，水资源较为丰富。

3. 现场情况

资料显示：故障区域复合绝缘子型号大部分为 FXBW－500/300A 和 FXBW－500/180Ⅱ。复合绝缘子有关参数见表 3－4。

表 3－4　　　　　　　　　复合绝缘子有关参数

复合绝缘子型号	额定电压（kV）	结构尺寸（mm）		泄漏距离（mm）	工频干闪络电压（kV）	操作冲击闪络电压（kV）	雷电冲击闪络电压（kV）	额定机械负荷（kN）	适用绝缘子串
		绝缘高度	安装高度						
FXBW－500/300A	500	4360	4020	10 000	1430	1700	2450	300	上 V 串 下 V 串 下直串
FXBW－500/180Ⅱ	500	4360	4060	10 000	1430	1700	2450	180	上 V 串 双下 V 串

实况观测：故障区域有大量鸟类栖息，种类较多，活动频繁。现场破损绝缘子情况：FXBW－500/300A 型号绝缘子被鸟啄伤的塔号为 493（1 支）、454（1 支）、417（2 支）、418（1 支）、376（2 支）、365（1 支）、341（2 支）、342（2 支）、339（2 支）、276（1 支），共 11 基、15 支。FXBW－500/180Ⅱ型号的绝缘子被鸟啄伤的塔号为 417（2 支）、354 号（2 支），共 2 基 4 支。破损部位情况如图 3－18 所示。FXBW－500/300A 型绝缘子损伤的位置是下 V串（中相）靠近铁塔端第一片伞裙与密封圈之间的绝缘子护套，最严重部分深及复合绝缘子芯棒。FXBW－500/180Ⅱ型绝缘子损伤的位置是上 V 型串（上相）、下 V 型串（中相）靠近铁塔端第一片伞裙与密封圈之间的绝缘子护套，最严重部分深及复合绝缘子芯棒。

(a)　　　　　　　　　　　　　　　　(b)

图 3－18　复合绝缘子破损位置图

（a）V 型串上端破损位置；（b）V 型串下端破损位置

（三）原因分析

1. 初步原因分析

（1）施工遗留破损。

（2）啮齿动物咬破。

（3）鸟类啄破。

2. 可能性分析

（1）线路在投入运行之前均经过严格的验收把关，查阅故障线路的验收记录，未发现有绝缘子破损的统计。且此次故障破损的绝缘子，破损面均为新痕迹。因此排除施工遗留破损的可能。

（2）通过对故障区域现场进行调查，主要存在的啮齿动物有老鼠、兔子等小型动物，查阅它们的习性，未发现有喜欢攀高的啮齿动物。500kV 铁塔也不适宜小动物的攀爬，且地面为农田，啮齿动物的食物资源丰富。对破损复合绝缘子的破损面观察，不像为啮齿类动物啃咬过的齿印。因此排除啮齿动物咬破的可能。

（3）故障区域地处丘陵地带，线下均为农田，附近村庄、山坡、河流较多，水资源较为丰富，有大量鸟类栖息，种类较多，活动频繁。且鸟类喜欢停留在较高处，故障铁塔处于农田中，附近没有其他树木，鸟类在农田中觅食，在杆塔上栖息。根据鸟的习性，鸟类都有啄食沙砾等颗粒状物质的习惯，以帮助它们消化；粗纤维也是鸟类体内不可缺少的一种成分。

复合绝缘子的主要配料有甲基乙烯基硅橡胶、补强剂、着色剂、化学助剂、硫化剂和耐起痕蚀损添加剂。这些材料中部分有着较香的气味，易吸引鸟类啄食。从复合绝缘子破损位置分析，破损的复合绝缘子几乎都是 V 型串的端部，此位置便于鸟类停留站立；从复合绝缘子的破损伤口来看，与鸟啄过的痕迹相符。

根据以上情况，在线路长时间不带电的情况下，没有电场对鸟类的影响，天气晴朗，适应鸟类活动。故障复合绝缘子生产厂家在护套、伞裙配料里含有鸟类喜欢的香味，吸引鸟类啄食，V 型串又方便鸟类站立，鸟类啄食过程中可以获得粗纤维，以及颗粒状的硅胶块，以帮助消化。

因此判定：鸟类啄食是引起故障复合绝缘子表面破损的主要原因。

（四）暴露问题

（1）线路施工设计单位事故预想不到位，未能预料复合绝缘子中含有鸟类喜欢啄食的物质。

（2）线路运行管理单位巡视管理不到位，线路长时停电未能及时巡视发现，导致较多的复合绝缘子被啄伤。

（五）处理及预防措施

1. 处理情况

（1）组织对啄伤复合绝缘子进行更换，更换为其他生产厂家的复合绝缘子。

（2）对故障线路还在运行的 FXBW – 500/300A 和 FXBW – 500/180 Ⅱ型复合绝缘子进行重点巡视检查。

2. 预防措施

（1）对其他线路中运行的同一厂家生产的复合绝缘子进行重点检查。

（2）线路停运时，将线路空载带上电压，一方面可以避鸟害，另一方面可以吓阻偷盗者，防止铁塔材料、导地线、金具的丢失。

（3）在新建或改建线路复合绝缘子招标时，要求绝缘子生产厂家调整复合绝缘子护套、伞裙配料，增加飞鸟憎恶剂，防止鸟啄现象的发生。

第五节 外力破坏故障

炸石造成绝缘子破损故障

（一）案例简介

2007年4月9日，线路巡视人员对110kV××线进行正常巡视，巡视到110kV××线44号铁塔时，发现杆塔塔材有撞击、弯曲变形现象，右边线A相距绝缘子破裂，地面有绝缘子碎片。

（二）基本情况

1. 线路概况

110kV××线（××变电站—×××变电站）全长19.3km，共计75基杆塔，其中铁塔2基，铁柱44基，混凝土电杆29基。导线型号1~72号杆塔为LGJ-185，72~75号杆塔为LGJX-185；地线型号均为GJ-35。110kV××线73~75号与110kV××线71~73号同塔架设。110kV××线于2006年6月由110kV××线改建Ⅱ接××变电站。故障发生前，该线路一直处于正常运行状态。

2. 天气及环境情况

故障点杆塔所处位置为一山坡，山坡构造多为石灰石结构，交通不便。在44号铁塔附近200m左右处有一采石厂，且采石厂规模还在不断向线路方向扩张。

3. 现场情况

资料显示：故障杆塔为ZB-18型自立式角钢塔，绝缘子为XP-7型悬式绝缘子。

实况观测：故障现场附近采石厂有采石工正在作业，如图3-19所示。杆塔受电侧右侧塔材有明显的撞击、弯曲变形现象，如图3-20所示。右边线A相导线侧第3片绝缘子破裂，地面有绝缘子碎片，如图3-21所示。且故障铁塔附近有较多散落的石灰石块。故障杆塔距采石厂最近的炸石点仅120m。

图 3 – 19　采石厂正在作业的工人

图 3 – 20　撞击变形的塔材

图 3 – 21　破损的绝缘子

（三）原因分析

1. 初步原因分析

（1）放牧小孩投掷石块造成绝缘子破损。

（2）炸起的飞石撞击造成绝缘子破损。

2. 可能性分析

（1）据当地放牧人员反映，一些放牧的小孩在一起放牧时，喜欢用石块进行投掷比赛，目标有时选择线路的杆塔。但从现场情况来看，故障铁塔高度为 18m，小孩的力量有限。从故障铁塔受电侧塔材主材的弯曲情况来看，在没有借助工具的情况下，不可能是人力因素可以造成的。因此排除放牧小孩投掷石块破坏的可能。

（2）对采石厂采石区炸石位置进行详细测量，故障铁塔距采石厂最近炸石点仅 120m。在故障杆塔及杆塔外侧较远处均有石块。观察故障铁塔及附近散落的石块，石块以采石厂为中心呈辐射状分布，且散落的石灰石块与采石厂内石灰石块外貌及成分均相同。

故障绝缘子所处的 A 相位于炸石厂侧。在故障的 44 号铁塔多个部位上，可以看到与石灰石块撞击形成的白点，从塔材弯曲的中心观察，有与石块撞击形成的凹陷。

由以上情况可能得出，在炸石厂炸石过程中，飞起的飞石撞击到了绝缘子，较大的冲击力造成绝缘子破损。

因此判定：炸起的飞石撞击是造成绝缘子破损的主要原因。

（四）暴露问题

（1）线路运行管理单位巡视管理不到位，未能有效地统计到线路通道内的安全隐患，并及时进行排除。

（2）线路巡视人员对采石厂的扩张趋势预料不到位，巡视周期未能及时调整，未对该处线路该段进行重点巡视，对线路危险源认识不足。

（五）处理及预防措施

1. 处理情况

（1）更换故障杆塔三相绝缘子为复合绝缘子。

（2）对故障的塔材进行矫正、补强。

（3）对采石厂下达隐患通知，联合供电公司护线保电办公室人员，对在输电线路保护区内违章炸石行为开展专项治理活动。

2. 预防措施

（1）对新建或改建线路尽量避开采石厂等危及线路安全运行的场所；对附近有采石厂等场所的采用复合绝缘子。

（2）对线路巡视人员进行专业巡视知识培训，提高安全认知水平，加大奖惩力度，调整特殊区域的巡视周期。

（3）加强《电力法》及《电力设施保护条例》的宣传，摘录《电力法》及《电力设施保护条例》中的有关条款，印制宣传单向线路保护区的村民散发，强化村民护线保电的意识，向村民开展有偿举报线路异常的活动，对于边远山区、违章炸石区开展有偿巡线。

第六节 绝缘子质量不佳

一、钢帽脱落引起绝缘子解体故障

（一）案例简介

2005 年 2 月 12 日 9 时 43 分 220kV ××线 A 相跳闸，接地距离、高频闭锁动作，重合不成功；故障点测距距××变电站 23.13km。接调度通知后，线路运行负责人立即安排人员巡视，经巡视发现 163 号杆 A（中）相绝缘子导线侧第 3 片绝缘子破碎，钢脚从钢帽中脱落，导线落到×拉线处。

（二）基本情况

1. 线路概况

220kV ××线 1968 年投运，为跨区域线路，某供电公司辖区内线路长 42.47km，导线型号为 2×LGJ-185，该线路发生故障前，一直处于正常运行状态。

2. 天气和环境情况

故障地点跳闸发生时为小雨天气，微风。故障 136 号杆处于丘陵地带。

3. 现场情况

资料显示：故障杆塔为 ZB-24 型自立式角钢塔，绝缘子为 XWP-10 型悬式绝缘子，线路绝缘配置为 d、e 类污秽区为复合绝缘子，b、c 类污秽区为 13 片 XWP-7 防污绝缘子。故障点 136 号杆所处污区为 c 类污秽区。

实况观测：现场 A 相导线落至×拉线处，绝缘子串掉串，距导线侧第 3 片绝缘子爆碎，钢脚从钢帽中脱落。地面有碎裂的绝缘子碎片，第 3 片绝缘子钢帽裂开 1cm 左右的裂缝，裂缝钢帽内部有放电灼烧痕迹，如图 3-22 所示。其他绝缘子片上有表面放电痕迹，如图 3-23 所示。

图 3-22 裂开的绝缘子钢帽

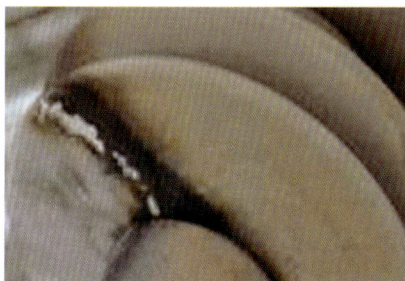

图 3-23 绝缘子表面积污及放电痕迹

（三）原因分析

1. 初步原因分析

（1）雷击过电压造成绝缘子钢帽炸裂。

（2）绝缘子质量问题，在污秽闪络情况下造成钢帽炸裂。

2. 可能性分析

（1）登录"雷电定位系统"网站，查询故障当天该区域的雷电活动记录，未发现故障当天该区域有雷电活动的信息。走访当地的群众，也未得到有雷电活动的信息。因此排除雷击过电压造成绝缘子钢帽炸裂的可能。

（2）故障线路投运时间为 1968 年，线路上绝缘子运行时间较长。质量不佳的绝缘子会随时间的增长发生绝缘性能下降或丧失机械支撑能力，绝缘子发生老化或劣化。绝缘子的劣化与其绝缘体的结构有关，瓷结构不致密、多晶体共存难免有细微的空隙布满瓷件内，在长期的无规律的导线振动（或舞动）下，由导线传递给绝缘子，使瓷件内微孔逐渐渗透而扩展成小裂纹，进而扩大以致开裂。在强电场的作用下极易产生电击穿，最终造成机械强度和绝缘的下降，以致变成零值。

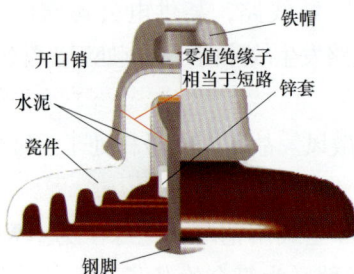

图 3 - 24　低值或零值绝缘子内部短路示意

故障当天是小雨天气，绝缘子串上附着较多的污秽物，如果绝缘子串中有零值（低值），则相当于部分绝缘被短路（见图 3 - 24），相应增加了闪络概率。有零值绝缘子串发生闪络，工频短路电流会通过零值绝缘子内部流过，强大的短路电流产生的热效应往往会造成悬式绝缘子钢帽炸裂或脱开，从而出现绝缘子串断串和导线落地等一系列严重事故。

根据以上情况，故障绝缘子串中因质量原因，导致导线侧第 3 片绝缘子为低值或零值绝缘子，其他绝缘子表面存在污秽，在小雨天气下发生闪络，使第 3 片绝缘子内部产生了短路电流的热效应，引起了爆裂。

因此判定：绝缘子质量问题是造成钢帽炸裂的主要原因。

（四）暴露问题

（1）线路运行管理单位思想麻痹，事故预想不到位。

（2）线路运行单管理单位的检测工作开展不到位，未能及时检测出低值或零值绝缘子。

（3）线路运行管理单位检修不到位，未能及时安排绝缘子表面清扫工作，导致绝缘子表面积污过多。

（五）处理及预防措施

1. 处理情况

（1）把故障杆塔三相绝缘子更换为复合绝缘子，恢复至送电状态。

（2）对故障区域的绝缘子进行检测，并清扫绝缘子表面污秽。

2. 预防措施

（1）对运行时间较长的瓷质绝缘子进行检测排查，对污秽区的绝缘子尽量更换为上、中、下大小伞裙防污型绝缘子。

（2）加强绝缘子的在线监测技术，动态掌握绝缘子的运行状态，提高线路的防范能力。

二、复合绝缘子憎水性丧失故障

（一）案例简介

2005 年 1 月 24 日 7 时 58 分，220kV ××线 B 相双高频保护动作，重合闸成功。距×变电站 57.22km；距××变电站 2.48km；经计算故障区域在 6～14 号杆塔之间。接到调度通知后，线路运行负责人立即安排人员进行故障巡视，经巡视发现 7 号杆 B 相绝缘子及均压有放电和烧伤痕迹。

（二）基本情况

1. 线路概况

220kV ××线全长 57.267km；导线型号为 LGJQ－300，地线型号为 GJ－50；杆塔总基数：174 基。2004 年 8 月 6 日改线新投运，其中 1～16 号与 220kV ××线同塔架设；24～31 号与 500kV 线路××线同塔架设；32～174 号杆为单回路原线路。故障发生前，该线路一直处于正常运行状态。

2. 天气及环境情况

当地气象监测显示，24 日 8 时左右温度－3.5℃，湿度 93%，风速 2.4m/s，故障地区有薄雾生成，持续时间 1h。故障区域处于农田中，属于丘陵地带，附近无工业厂矿等。

3. 现场情况

资料显示：故障杆塔为 ZH－20 型预应力钢筋混凝土双柱直线杆，相序情况：1～16 号、24～31 号双回直线塔相序排列 B 相为上线（1、3、13、16 号

为耐张杆塔）；水平排列 B 相为中线。线路绝缘配置：1 ~ 32 号直线绝缘子为
FXBW4 - 220/100，耐张绝缘子为 XWP2 - 100（17 片），绝缘配合按 e 级污秽
区设计。

实况观测：故障现场铁塔上较潮湿，部分位置出现结冰现象，B 相绝缘子
上下均压环及复合绝缘子伞裙上均有明显的放电痕迹，上下均压环已严重烧
伤，如图 3 - 25 所示。

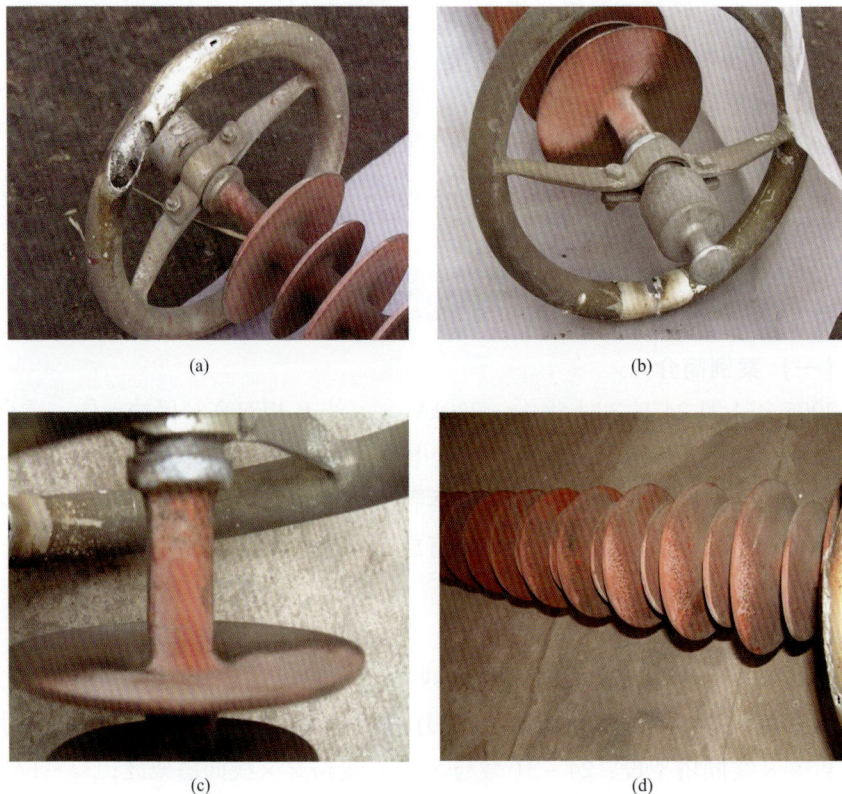

(a)　　　　　　　　　　　　　　(b)

(c)　　　　　　　　　　　　　　(d)

图 3 - 25　复合绝缘子上的放电痕迹

（a）上均压环上的烧伤痕迹；（b）下均压环上的烧伤痕迹；

（c）绝缘子芯棒上的放电痕迹；（d）绝缘子伞裙上的放电痕迹

（三）原因分析

1. 初步原因分析

（1）雾闪引起的跳闸。

（2）复合绝缘子憎水性丧失引起跳闸。

2. 可能性分析

（1）雾闪形成是在长时间浓雾的天气下，雾水的成分由于大气的污染变得越来越复杂，在绝缘子的端部将形成电高晕和局部电弧放电。水珠越小，起晕电压越低，端部第一片飞弧击穿后，第二片将承受更高的电压，最终连续击穿，形成闪络。

故障当天为薄雾天气，且持续时间不长。故障区域附近无工业厂矿等，不存在化学污染的情况。故障发生后，线路运行管理部门对故障的复合绝缘子进行测试，其盐密测试值为 0.088 7mg/cm^2，小于正常运行要求值 0.6mg/cm^2（DL/T 864—2004《标称电压高于 1000V 交流架空线路用复合绝缘子使用导则》规定），不具备雾闪需长时间浓雾和大气污染的条件。

因此可以排除雾闪引起跳闸的可能。

（2）在电气和环境应力的联合作用下，表面的干带电弧可引起材料的蚀损或起痕、水分、电蚀、环境因素的化学污染都能造成硅橡胶材料的电气破坏。运行中的复合绝缘子的憎水性丧失主要是电老化和制造缺陷造成的。

在恶劣天气中，高湿度天气、小雨可使绝缘子表面形成小水滴，但在表面蚀损严重的地方，小水珠与粉尘的湿沉降相结合形成污水滴，穿过薄硅氧分子聚合物层形成导电层，促使泄漏电流由电容性演变成电阻性。污秽层的不均匀分布和湿润使绝缘子表面产生局部多点高压部位，从而发生点状放电。表面憎水性的破坏造成水珠连成水膜。形成连续的导电层，使泄漏电流进一步增大。

故障当天在高湿度（93%）、低温度（-3.5℃）、低风速（2.4m/s）的微环境中，有一定的薄雾，铁塔及绝缘子表面较潮湿，水分子在绝缘子表面可能会形成不规则的、断续的、上下部分贯通的细微水柱，故障绝缘子由于制造或老化的原因，表面的憎水性明显下降，在部分伞裙上形成成片的水膜。在运行电压（127~146kV）的作用下，泄漏电流明显增大，沿细微水柱导通放电，击穿了各水段间的空气间隙，并与部分伞裙表面放电相结合，最终形成电弧通道，引起跳闸故障的发生。

故障发生后，线路运行管理部门对故障杆塔同批次的三相绝缘子进行测试，测试情况见表 3-5。复合绝缘子的憎水性测试图片如图 3-26 所示，与标准的憎水性等级图片比对如图 3-27 所示，故障绝缘子的憎水性为 HC5 级，不适合正常运行。

表 3 – 5　　　　　　　　　　　　　故障复合绝缘子测试情况

复合绝缘子型号	FXBW4 – 220/100	产品编号	C02125040
生产厂家	××厂家	出厂时间	2002 年 12 月
安装和投运时间	2004 年 8 月 6 日		
试验时间	2005 年 1 月 26 日		
试验数据			

1. 盐密测试值 0.088 7mg/cm^2
2. 憎水性等级：5 级
3. 工频干闪电压：大于 305kV/段（分两段试验）

测试结果：盐密、工频干闪电压符合要求，憎水性不符合要求

因此判定：故障相复合绝缘子憎水性丧失是此次故障跳闸的主原因。

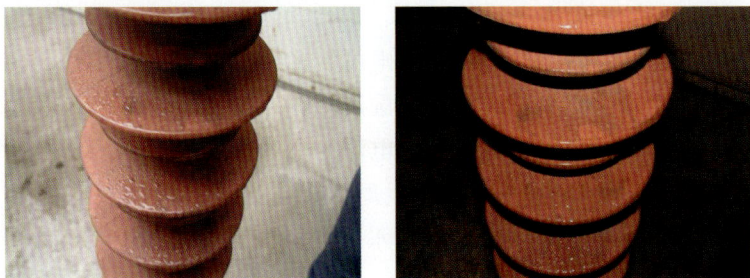

图 3 – 26　故障复合绝缘子憎水性图片

（四）暴露问题

（1）线路运行管理单位预防工作不到位，未能及时检测和掌握运行线路复合绝缘子憎水性情况。

（2）线路运行管理单位复合绝缘子憎水性检测周期安排不合理，未能在同一时期开展检测工作。

（五）处理及预防措施

1. 处理情况

（1）故障杆塔更换为上、中、下大小伞裙复合绝缘子。

（2）对故障线路的同批次复合绝缘子进行憎水性检测。

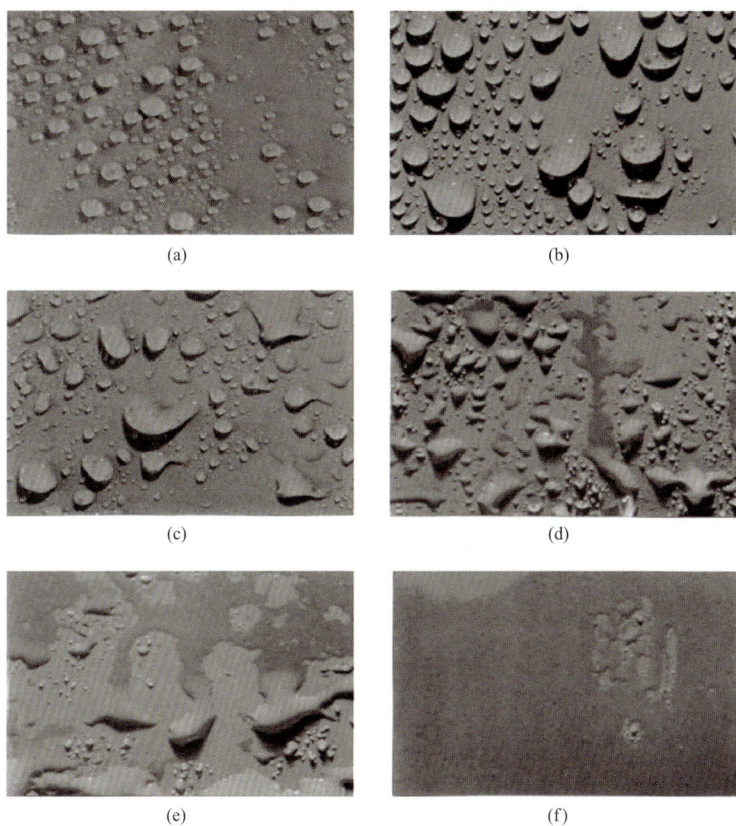

图 3 - 27 标准规定憎水性结果对比图片

(a) HC1；(b) HC2；(c) HC3；(d) HC4；(e) HC5；(f) HC6

2. 预防措施

（1）加大复合绝缘子的抽检力度，尤其是对挂网运行 5 年以上、多次出现因憎水性下降引起线路跳闸的同类复合绝缘子进行抽检。通过大量的抽测数据找出复合绝缘子在不同污秽等级下的最佳使用寿命。

（2）建立健全复合绝缘子档案，对不同批次、不同生产厂家的复合绝缘子制订测试计划进行跟踪监测，并将检测结果记入档案。

（3）研究改善绝缘子的伞裙结构方案，设计增大泄漏爬距的特种类型的复合绝缘子。对新建或改建线路上安装的复合绝缘子均采用上、中、下大小伞裙，以减少复合绝缘子硅橡胶表面大量集污结垢造成憎水性暂时性丧失或永久性丧失而引发的事故。

（4）运行单位应加强在恶劣气候下的输电线路的巡视，加强线路绝缘元件的测试和复合绝缘子在线检测技术的研究。

第七节 绝缘子掉串

一、复合绝缘子芯棒断裂故障

（一）案例简介

2006 年 4 月 15 日 14 时 12 分，220kV Ⅰ ××线 1 双高频保护动作，距离Ⅰ段保护动作出口跳闸，重合不成功，故障相 A 相，高频保护测距 8.9km，方向高频保护测距 10.3km，Ⅰ××线 2 双高频保护动作，距离Ⅰ段保护动作跳闸，重合不成功，故障相 A 相，高频闭锁保护测距 24km，方向高频保护测距 23.6km；经巡线人员检查发现Ⅰ××线 28 号塔中相复合绝缘子断裂，导线搭至塔中间。

（二）基本情况

1. 线路概况

220kV ××线建于 1981 年，1982 年 12 月投运。1995 年 9 月将Ⅰ××线 268 ~ 270 号剖接进入××变电站。Ⅰ××线全长 34.75km，全线杆塔 103 基，1 ~ 95 号塔段采用 LGJQ - 300 线导线。故障发生前，该线路一直处于正常运行状态。

2. 天气及环境情况

故障区域当天天气为晴天，风力 2 ~ 3 级。故障铁塔处于河堤上，附近有一条河穿过该档。

3. 现场情况

资料显示：27 ~ 28 号档距为 499m，28 ~ 29 号杆塔为大跨越直线塔，该档跨越河流，跨距近 700m，如图 3 - 28 所示。其中 27 号塔型为 GJ2 - 17.5，28 号和 29 号塔型为 MZ - 54.5，30 号为 N - 15.5 型耐张塔。断裂复合绝缘子生产厂家为××电力绝缘设备厂，出厂编号 C9912 3737，安装时间 2001 年 5 月。

实况观测：28 号塔中相复合绝缘子下端球头内芯棒断裂，球头脱落（带均压环），导线搭至塔中间，未落地，如图 3 - 29 所示。

断裂的绝缘子无电弧灼伤和放电痕迹，护套和伞裙无老化变硬迹象。伞裙污秽不严重，断裂面位于高压端金具内腔中，高压端球头金具与芯棒断裂处之间的界面有锈迹，如图 3 - 30 所示。

图 3 – 28　故障线路 28～29 号杆塔大跨越

图 3 – 29　故障 28 号铁塔中相绝缘子断裂

图 3 – 30　复合绝缘子的断裂处

（三）原因分析

1. 初步原因分析

（1）舞动造成芯棒断裂。

（2）复合绝缘子质量问题引起芯棒断裂。

2. 可能性分析

（1）故障当天天气为晴天，微风。现场风速测量为 2.8m/s，易形成导线舞动的风速条件 4～25m/s，且该故障段以往未发现有舞动情况发生。结合故障当天的天气情况，不具备舞动形成的条件。因此排除舞动造成芯棒断裂的可能。

（2）首先对故障杆塔的剩余 5 只复合绝缘子进行拉力试验，试验结果见表 3－6。接着又对故障线路正常档距同厂家、同批次的复合绝缘子抽 6 支进行拉力测试，试验结果见表 3－7。

表 3－6　　　　　　　　故障跨越档距复合绝缘子拉力试验结果

杆塔号	出厂编号	拉力破坏值（kN）
28	C00072063	100
28	99125135	115（1min 100kN 耐受后）
29	C00062115	101（1min 100kN 耐受后）
29	99123077	92
29	99125146	107（1min 100kN 耐受后）

表 3－7　　　　　　　　故障线路正常档距复合绝缘子拉力试验结果

杆塔号	出厂编号	拉力破坏值（kN）
76	C97094041	133.2（1min 100kN 耐受后）
43	C00073096	152.2（1min 100kN 耐受后）
2	C00062106	150.9（1min 100kN 耐受后）
33	C99125075	155.6（1min 100kN 耐受后）
15	C97109034	140.4（1min 100kN 耐受后）
56	C971010007	140.7（1min 100kN 耐受后）

试验结果表明：试验的 5 只复合绝缘子试验结果符合 DL/T 864—2004《标称电压高于 1000V 交流架空线路用复合绝缘子使用导则》的有关规定。

图 3－30 左图中，左边为发生事故的绝缘子的球头，内腔有明显锈迹。该

复合绝缘子端部采用内楔式结构，其密封装置采用压紧式密封结构，在紧靠芯棒侧的金具内壁上有铁锈痕迹，说明这支绝缘子的端部密封已经失效，外部大气环境中的微酸性水分从端部浸蚀入玻璃纤维芯棒。由于芯棒材料的在电场作用等原因下，水分再沿着芯棒从端部不断渗透到断裂面芯棒的玻璃纤维丝，玻璃纤维丝在微酸性水分腐蚀下变脆断裂，微酸性的水分在高场强作用下沿着这个断面又横向缓慢浸蚀其他玻璃纤维丝此断面上。其他没有断裂的玻璃纤维丝承受的机械负荷越来越大，最终超过其所能承受的负荷而全部断裂。分析认为端部密封失效的原因是由于绝缘子外部端面处涂抹的常温硅橡胶没有密封住外护套与密封圈之间的缝隙，长期运行导致硅橡胶外护套与橡胶密封圈之间的密封胶失效，仅靠金具的螺纹咬合已经不能阻止水分由此分界面浸蚀入芯棒。

从绝缘子断面情况来看，绝缘子的断裂有一个发展过程，对照国际大电网会议《关于鉴别 FRP（树脂充注玻璃纤维）复合绝缘子芯棒脆性断裂的指导性意见》中的芯棒发生脆断时断裂面的典型特征：断裂表面光滑，无任何有机物残渣，其断面总是垂直指向芯棒轴线，只有很少的玻璃纤维被拉出。该绝缘子断面的情况与上述特征完全一致，因此，可以判断该绝缘子断裂属于脆断。

根据拉力抽检情况分析，故障线路正常档距（平均拉力破坏值 145.5kN）复合绝缘子拉力试验结果相比故障大跨越档距（平均拉力破坏值 103kN），拉力破坏值大很多。说明内楔式结构复合绝缘子在长期较大机械负荷拉力下，机械性能有可能下降较快，原因可能为基于蠕变过程的内楔式结构复合绝缘子拉伸强度随时间下降相对较快，造成大跨越档距复合绝缘子在长期较大拉力（约为正常档距拉力的 2 倍）下，拉伸强度下降较快，加上故障绝缘子在微酸性水分腐蚀下部分纤维变脆，最终导致芯棒断裂。

发生故障的该只复合绝缘子为内楔式，该只复合绝缘子工艺可能存在制造缺陷（例如端部密封不良，潮气进入芯棒等）。

根据以上情况可知：① 芯棒脆断是在复合绝缘子端部密封性能不良或芯棒护套损伤的前提下由浸入雨水的缓慢腐蚀造成的；② 绝缘子高压端，特别是场强较高的部位是最易发生脆断的部位。长期的高场强作用会加速脆断的进程；③ 内楔式结构的复合绝缘子在长期较大拉力（约为正常档距拉力的 2 倍）下，拉伸强度下降较快，因此脆断事故不是偶然发生的。

因此判定：复合绝缘子质量问题是此次故障的主要原因。

（四）暴露问题

（1）复合绝缘子的生产厂家产品的生产工艺存在较大问题，故障复合绝缘子不能满足大跨越档距的要求。

（2）线路运行管理单位检测工作不到位，未能提前检测出复合绝缘子拉力下降的现象。

（五）处理及预防措施

1. 处理情况

更换故障杆塔的绝缘子，对其他挂网运行的同批次复合绝缘子加在抽检力度，并逐步按更换计划。

2. 预防措施

（1）对其余××绝缘子厂同期产品，按照标准要求采取带电作业等方式取样，加大抽检力度，以确定本次故障是否为该批次产品质量问题。

（2）在新建或改建线路绝缘子招标时，采用端部压接、一次注射成型、耐酸芯棒等先进生产工艺的产品，从源头保证电网安全。

（3）对大跨越直线塔，在新建或改建线路时尽量采用双悬垂串、V型或八字型绝缘子串结构，并尽可能采用双独立挂点。

（4）严格按照 DL/T 864—2004《标称电压高于 1000V 交流架空线路用复合绝缘子使用导则》规定加强对运行绝缘子的性能检验，尤其是机械特性检测。

二、绝缘子串销钉变形造成脱槽故障

（一）案例简介

2005 年 2 月 9 日 18 时 20 分接调度通知，220kV ××线 16 时 17 分跳闸，选相 C 相，重合不成功。故障测距距××变电站 14.4km（40 号塔附近），距对端 11.6km（34 号附近）。接调度通知后，线路运行负责人组织巡线人员进行事故巡线。经巡视发现 38 号铁塔 C 相绝缘子脱落，造成导线落地。

（二）基本情况

1. 线路概况

220kV ××线（××变电站—××变电站）长 28.022km，于 1988 年 8 月投运，全线杆塔 91 基。导线型号 2×LGJQ–300，地线型号左 1～57 号为 GJ–50，57～91 号为 LGJ–95/55，右为 OPGW。2002 年对 30～51 号进行过改建。故障发生前，该线路一直处于正常运行状态。

2. 天气及环境情况

据气象部门提供的气象信息，故障发生前一周内，持续有雨雪、冻雨天气，故障区域平均气温为 -2～3℃，并伴有持续大风，有冰冻或严重冰冻。故障区段为山区，其中 38 号地处山坡，呈逐步升高态势，线路走径基本为东西方向，而线路南侧海拔在 600～820m，也呈逐步升高趋势。故障杆塔一侧紧邻公路。

3. 现场情况

资料显示：故障杆塔为 GJ-27 型自立式角钢塔，38～39 号为孤立档，两铁塔均采用 XWP-10 型悬式绝缘子串，14 片绝缘子。

实况观测：故障 C 相距导线侧第 3 片绝缘子脱落断开，与导线一起落地，靠近公路侧地面有破碎的绝缘子片，如图 3-31 所示。绝缘子钢帽连接采用的是 R 型销。掉落的第三片绝缘子上的 R 型销严重变形。

图 3-31　破碎绝缘子及变形 R 型销

（三）原因分析

1. 初步原因分析

（1）施工造成弹簧销变形，在舞动时引起掉串。

（2）长时期的舞动造成 R 型弹簧销变形引起掉串。

2. 可能性分析

（1）通过查阅施工记录，在故障线路技改中，现场均有监理监督施工，且在送电前，线路运行管理单位都进行了登塔验收。因此排除施工造成弹簧销变形，在舞动时引起掉串的可能。

（2）查询线路档案记录，故障杆塔 28 号为改建线路，28～29 号为孤立档，改建放线时采用搭跨越架人力放线，弧垂相对较大。另故障区域为舞动多发区，有舞动观测记录。故障发生时及前一周多时间里，均有舞动情况发生。

在导线弧垂相对较大，导线松弛情况下，通过长时间的舞动，绝缘子不断的挤压弹簧销，R 型弹簧销为单开口，经长时间挤压发生变形，失去作用，在舞动情况下，发生了绝缘子掉串的情况。

因此判定：长时期的舞动造成 R 型弹簧销变形引起掉串。

（四）暴露问题

（1）线路运行管理单位事故预想不到位，孤立档中采用的弹簧销不合理。

（2）线路施工单位在改建施工中，弧垂没能严格按设计要求施工，运行单位验收把关不严。

（3）线路运行管理单位舞动治理不到位，未在故障区域安装防舞装置。

（五）处理及预防措施

1. 处理情况

更换故障相绝缘子，在故障档安装间隔棒，检查其他线路的孤立档绝缘子及弧垂，及时预防。

2. 预防措施

（1）孤立档绝缘子应尽量避免采用 R 型弹簧销，宜采用 M 型或 H 弹簧销。

（2）加大舞动区域线路的防舞措施，提高线路的防舞动能力。

（3）对于孤立档或变电站进线档弧垂，应严格按施工设计进行施工，避免出现弧垂过大、导线张力太小等现象。

第四章

金 具 及 其 他

第 一 节 质 量 不 佳

一、直角挂板断裂造成导线脱落故障

（一）案例简介

2007 年 12 月 26 日 6 时 7 分，某供电公司负责维护的 220kV ××线高频、距离、零序 Ⅰ 段保护动作，B 相故障，重合闸失败，故障测距 7km。根据测距显示推算故障点应在 220kV ××线 49～53 号杆之间。运行负责人在接到线路跳闸指令后立即组织运行巡视人员进行现场巡视，经工作人员巡视发现，220kV ××线 51 号塔大号侧 B 相导线脱落在地。

（二）基本情况

1. 线路概况

220kV ××线导线型号为 2×LGJ－300/40，地线型号为 GJ－50，该线路于 2007 年 1 月投入运行。故障前该线路一直处于正常运行状态。

2. 天气及环境情况

220kV ××线故障时天气雨夹雪，偏北风 5～6 级，气温最高 3℃，最低 －5℃。51～52 号塔处于平原地区，该区域为输电线路舞动灾害多发且严重的地区。

3. 现场情况

资料显示：51 号塔垂直档距 420m，与导线连接部分采用 U－10 型直角挂板，耐张线夹采用 NY－300/40 液压型钢芯铝绞线用耐张线夹。

实况观测：故障现场，51 号塔大号侧 B 相导线与绝缘子串连接的直角挂板断裂，B 相导线脱落，51 号塔 B 相导线两侧耐张线夹引流板被撕裂。巡视人员观察现场故障线路 A、C 相导线仍处于舞动状态。

（三）原因分析

1. 初步原因分析

（1）导线持续舞动造成直角挂板断裂。

（2）直角挂板质量不合格。

2. 可能性分析

（1）故障发生时天气雨夹雪，偏北风 5~6 级，气温最高 3℃，最低 -5℃。气温在 0℃ 以下，导致导线覆冰，具备舞动条件。故障发生时巡视人员在现场确认非故障相仍在舞动状态证明了该区域确实发生了舞动，由此推断此次故障可能是大风舞动造成直角挂板受力超过其自身承受极限，发生脆断造成导线脱落。

（2）运行维护单位技术人员对断裂直角挂板进行检查，发现断裂处有砂眼及杂质出现，如图 4-1 所示，这一现象说明直角挂板材质存在质量问题，运行维护单位技术人员推断，故障发生时气温降低同时伴有大风引起金具承受应力增大，达到有质量问题直角挂板的承受极限，发生脆断造成 220kV ×× 线 51 号塔大号侧 B 相导线脱落在地，B 相导线脱落时耐张引流线夹无法承受导线应力两侧耐张线夹引流板被撕裂。

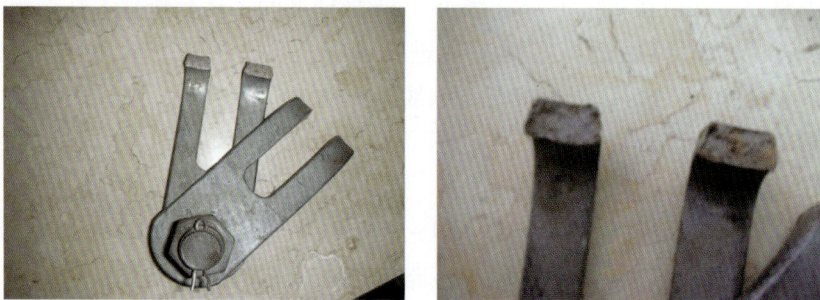

图 4-1　断裂的直角挂板

技术人员经向施工单位 ×× 工程公司、×× 电力公司调查，该直角挂板为 ×× 厂金具，施工安装时已出现一次因金具质量问题造成的直角挂板断裂事件，未安装的已向该厂家退货，但仍有部分金具在线路上投入运行。

因此判定：直角挂板生产制造过程中存在质量问题在导线舞动的作用下造成直角挂板断裂。

（四）暴露问题

（1）线路运行维护管理单位对舞动区域的防舞动治理工作不到位。

（2）线路施工单位对施工质量控制不重视，在施工过程中曾经发生金具断裂事件，没有引起足够重视，导致部分有质量缺陷金具在线路上运行。

（五）处理及预防措施

1. 处理情况

线路管理单位组织人员对线路上运行的该厂该批次金具进行排查，及时更换线路上仍在运行的该厂金具，同时向上级物资管理部门通报，建议取消该厂该种金具投标资质。

2. 预防措施

（1）规范设备物资招投标及交接验收制度，严格按物资招投标管理规范进行设备招标，并按设备物资交接验收制度执行，确保招标规范、产品合格。

（2）加大工程项目监理力度，确保工程施工规范、设备材料合格。

（3）做好覆冰舞动观察，积累经验，为后续改造提供依据，在新建、改建线路规划设计时，尽量避开舞动、重冰等微气象区。

（4）对易舞区域线路采取防舞动措施，如安装防舞器和相间间隔棒等，避免导线舞动时损伤金具。

二、均压环材质不佳造成故障

（一）案例简介

2006 年 4 月 12 日 10 时，线路运行管理部门对 110kV ××线进行检修时，发现其 110kV ××线 21 号杆 B 相绝缘子均压环脱落，其余两相无异常。

（二）基本情况

1. 线路概况

110kV ××线全长 23.68km，杆塔共计 107 基，其中混凝土电杆 95 基、铁塔 12 基，导线型号为 LGJ - 185，地线型号为 GJ - 50。该线路于 1988 年建成运行，故障发生前该线路一直处于正常运行状态。

2. 天气及环境情况

据气象部门提供的气象信息，故障发生前一周内天气晴朗，微风，平均气温 21℃。110kV ××线 21 号杆所处区域多为农田。

3. 现场情况

资料显示：故障杆为 ZH$_1$ - 18 型钢筋混凝土电杆，设计最大风速为

30m/s，采用 FXBW－110/100 型复合绝缘子，为 2004 年 12 月改造时更换。

实况观测：21 号杆 B 相绝缘子均压环压板螺丝脱落，悬挂在导线悬垂线夹位置，如图 4－2 所示。均压环横支撑严重扭曲变形，均压环与悬垂线夹及碗头接触部分有严重磨损痕迹，最深处达到 2mm，如图 4－3 所示。导线及悬垂悬架未受损，杆塔、导线、绝缘子及均压环未发现外力破坏及放电痕迹。

图 4－2　脱落的绝缘子均压环

图 4－3　均压环受损部位

（三）原因分析

1. 初步原因分析

（1）安装不规范造成均压环脱落。

（2）均压环材质选择不当造成均压环脱落。

2. 可能性分析

（1）运行检修单位技术人员查阅了该线路设计、施工资料，验收记录、大修记录等资料，证实该均压环在 2005 年大修时检修人员发现均压环松动，现场确认其固定螺栓、螺帽及弹簧垫片等安装工艺均满足要求，曾对该均压环螺栓进行紧固，该缺陷处理后曾申请验收，验收记录齐全。现场观察均压环压板表面有较深的垫片压入痕迹，说明当时螺栓非常紧固，如图 4－4 所示。因此可以排除因安装不规范造成均压环脱落的可能。

图 4－4　均压环压板螺栓紧固痕迹

（2）从现场脱落的均压环来看，其

均为铝材制作（包括中间均压环固定板），表面光滑、硬度较低，均压环强度不足容易变形，安装挂网运行后，在长期的微风振动作用下中间固定板极易弯曲变形，使固定间隙增大导致均压环脱落到导线上。查阅线路上挂网运行的该型号均压环资料，发现该型号均压环有 85% 都有过螺栓松动记录，通过对施工人员调查，施工人员均反映该型号均压环有拧不紧现象。而其他厂家生产的均压环，其中间固定板均采用强度较硬的不锈钢或合金材料制作，运行过程中不会出现脱落现象。

因此判定：均压环中间固定板材质选择不当是造成均压环脱落的主要原因。

（四）暴露问题

（1）设备材料招标时把关不严，未明确均压环中间固定板材质及强度要求。

（2）线路施工单位及运行维护单位对施工及验收控制不到位，未从施工过程及验收程序中发现问题，及时更换。

（五）处理及预防措施

1. 处理情况

更换故障相均压环，排查线路上运行的该型号均压环，逐步安排更换。

2. 预防措施

（1）在输电线路设备材料招标编写技术规范时应明确均压环的材质及强度要求，尤其是中间固定板强度要求。

（2）加强线路施工和验收管理，发现问题及时更换，避免将有问题的产品挂网运行。

第二节 金具受损

一、间隔棒损伤造成导线断股故障

（一）案例简介

2008 年 4 月 2 日 10 时，线路运行管理单位在 500kV ××线巡视时，发现 500kV ××线 121 号塔受电侧 A 相导线第一个间隔棒附近导线严重断股。

（二）基本情况

1. 线路概况

500kV ××线线路全长 135.1km，共有杆塔 329 基，其中耐张塔 53 基，直线塔 276 基。2006 年建成投运，途经 9 个县市。受地理条件限制，该线路 115～130 号塔处于舞动频发区域。该线路最后一次大修时间为 2007 年 11 月，故障发生前线路一直处于正常运行状态。

2. 天气及环境情况

据气象部门提供的气象信息，故障发生前一周内，持续雨雪天气，故障区域平均气温为 -5～-3℃并伴有持续大风，有冰冻或严重冰冻。故障区段为山区，其中 120～123 号塔海拔分别为 573、595、651、732m，呈逐步升高态势，线路走径基本为东西方向，而线路南侧海拔在 700～920m，也呈逐步升高趋势。

图 4-5　导线断股

3. 现场情况

资料显示：导线采用 4×LGJ-400/35 型钢芯铝绞线，间隔棒采用 FJZ-445/400F 型双支撑阻尼间隔棒，四分裂正方形布置，分裂间距 450mm。

实况观测：断股位置位于 121 号塔受电侧第一个间隔棒 80mm 处，如图 4-5 所示，检查断股处间隔棒连接螺栓有明显松动现象，拆下后检查发现，间隔棒线夹与导线有严重摩擦痕迹，检查档距内导线其他位置间隔棒附近，未发现断股现象。

（三）原因分析

1. 初步原因分析

（1）施工时间隔棒螺栓未紧固到位。

（2）微风振动造成导线疲劳断股。

（3）导线舞动引起间隔棒线夹滑移磨损导线。

2. 可能性分析

（1）运行检修单位技术人员查阅了该线路设计、施工资料，验收记录、大修记录等资料，证实故障档弧垂、档距、悬点高差、间隔棒安装均符合设计要求。对间隔棒安装质量进行检查，间隔棒线夹连接螺栓有明显松动现象，经检查间隔棒线夹紧固螺栓的弹簧垫因长时间受力已经损坏失去作用，由此可以确定间隔棒连接螺栓松动是弹簧垫失效造成。

（2）当导线受到微风（1~3级）吹拂时，将产生周期性振动，一般不超过导线直径的2~3倍，振动频率高，一般为3~120Hz，振动持续时间较长，一般为数小时，有时可达到数天。微风振动引起的线路导线疲劳断股故障，需要一段累积时间和过程。大量实例和试验证明微风振动使导线疲劳断股，有时会从输电线内部开始，从导线外表发现不了。通过对导线断股位置的检查，导线断股全部在外层，断股面积较大，磨损长度超过100mm，内部未发生断股现象，如图4-6所示。通过对间隔棒的检查，间隔棒线夹内的橡胶垫在螺栓松动的情况下长时间承受振动，已经严重变形损坏。由此推断，微风振动加剧了间隔棒橡胶垫的损坏。

图4-6 导线断股情况

（3）根据从气象部门得到的数据，3月30日夜间故障区段为冻雨天气，持续大风，气温在0℃以下导致导线覆冰，具备舞动条件。120~123号塔所处区域为山区，海拔分别为573、595、651、732m，呈逐步升高态势，线路走径基本为东西方向，而线路南侧海拔在700~920m，也呈逐步升高趋势。受地形限制，从东南方向高山刮过的大风据高而下，并形成相对稳定的大风，从而形成了难得一见的山区导线舞动。由于受地形条件、稳定风向影响，舞动范围有限，舞动时间较长。综合以上因素，技术人员推断间隔棒螺栓松动、线夹内橡胶垫受损，导致在持续大风舞动情况下，间隔棒在导线上产生一定范围的顺线路前后滑移，摩擦导线造成导线断股。

因此判定：导线覆冰舞动，受损的间隔棒在导线上滑移摩擦是造成导线断股的主要原因。

（四）暴露问题

（1）线路运行维护管理单位对导线间隔棒巡视、检修力度不够，未能及时发现间隔棒线夹松动。

（2）线路运行维护管理单位对特殊区域的防舞动治理工作不到位。

（五）处理及预防措施

1. 处理情况

线路运行管理单位及时组织人员对导线断股进行修补，更换间隔棒。及时对其他舞动区域线路进行排查，及早发现缺陷进行处理。

2. 预防措施

（1）严格控制施工质量、定期对线路间隔棒进行检修，在舞动季节来临前对舞动区域间隔棒螺栓进行检查、紧固。

（2）做好覆冰舞动观察，积累经验，为后续改造提供依据。建议在新线路设计时，避开风口、重冰等微气象区。

（3）对易舞区域线路采取防舞动措施，如安装防舞动装置和相间间隔棒等。

二、间隔棒变形、断裂故障

（一）故障简介

2008 年 1 月 23 日，线路运行管理单位在 500kV ××线巡视时发现，500kV ××线 182 号塔受电侧 C 相导线第四个间隔棒变形断裂，如图 4-7 所示。

图 4-7　故障间隔棒现场照片

（二）故障线路基本情况

1. 线路概况

500kV ××线全长 105.276km，导线采用 4×LGJ-400/35 型钢芯铝绞线，四分裂正方形布置，分裂间距 450mm，于 2006 年 4 月 25 日投入运行。该线路最后一次大修时间为 2007 年 10 月，故障发生前该线路一直处于正常运行状态。

2. 天气及环境情况

500kV ××线故障区域 1 月 10~16 日、1 月 18~22 日均出现了大范围持续低温雨雪冰冻天气，故障区域平均气温为 -5 ~ -2℃并伴有持续大风。500kV ××线 182~183 号塔（故障档）线路为东北西南走向，处于山谷风口附近，地势相对高差较大，山谷有河流通过。

3. 现场情况

资料显示：导线采用 4×LGJ-400/35 型钢芯铝绞线，间隔棒采用 FJZ-445/400F 型双支撑阻尼间隔棒，四分裂正方形布置，分裂间距 450mm。

实况观测：从现场周围情况看，故障点附近为山坡，巡视人员在故障点发

现大量导线脱冰产生的冰块，厚度达到
22mm，且结构密实，如图 4 - 8 所示。
故障发生在 500kV ××线 182 号塔受电
侧 C 相导线第四个间隔棒，间隔棒断口
整齐，其断面未发现砂眼及杂质，连接
处销钉有明显磨损痕迹，磨损深度达到
5mm，磨损面层次分明。

图 4 - 8　导线上脱落的冰块

（三）故障原因分析

1. 初步原因分析

（1）子导线弧垂不一致造成间隔棒断裂。

（2）间隔棒质量不合格。

（3）不均匀脱冰舞动造成间隔棒断裂。

2. 可能性分析

（1）线路运行管理单位技术人员对该线路施工资料进行查阅，子导线及
间隔棒安装位置符合验收规范要求，现场技术人员通过对子导线弧垂观测证
实，故障相子导线弧垂误差符合验收规范要求。因此排除子导线弧垂不一致造
成间隔棒断裂的可能。

（2）运行维护管理单位技术人员该线路间隔棒资料，该线路全线使用的
间隔棒全部由××金具厂生产，金具型号与导线匹配，运行期间无间隔棒更换
记录。出厂试验报告、产品合格证齐全，调查该厂生产的该批次金具无不良记
录，检查间隔棒断面整齐、无砂眼、无杂质。因此排除间隔棒质量不合格造成
间隔棒断裂的可能。

（3）故障发生前，故障区域出现了大范围持续低温雨雪冰冻天气，故障
点附近发现大量导线脱冰产生的冰块，最大厚度达到 22mm，且结构密实。据
推断当导线覆冰达到一定厚度时，覆冰导线在气温升高、自然风力作用或振动
之下，会产生不均匀脱冰或不同期脱冰，脱冰会引起导线的剧烈运动，使导线
跳跃上下摆动，引发导线不同步舞动。由于 500kV 线路导线分裂根数较多，
截面较大，其脱冰跳跃问题更为严重，在子导线不均匀脱冰舞动情况下，受损
的间隔棒承受应力达到极限造成断裂。

因此判定：不均匀脱冰舞动是造成间隔棒断裂的主要原因。

（四）暴露问题

（1）线路运行管理单位防舞动、防覆冰治理工作不到位。

（2）线路运行管理单位对舞动区域间隔棒检修力度不够。

（五）处理及预防措施

1. 处理情况

输电线路运行管理单位及时对损坏的间隔棒进行更换，同时对易发生覆冰舞动的输电线路进行检查，发现问题及时处理。

2. 预防措施

（1）做好覆冰舞动观测，积累经验，为后续改造提供依据。在新线路设计时，尽量避开风口、重冰等微气象区。

（2）对易舞区域线路采取防舞动措施，如安装防舞器和相间间隔棒等。

（3）做好覆冰区域防冰工作，及时消除导线覆冰，避免覆冰厚度过大引起线路故障。

第三节　错　误　使　用

一、地线线夹选型不当故障

（一）故障简介

2004年6月24日18时30分，线路运行管理单位接到地调通知：110kV××线零序Ⅱ段动作线路跳闸，故障相为B相，故障点距××变电站26.13km。根据测距显示推算故障点应在110kV××线109～111号杆之间，运行负责人在接到线路跳闸指令后立即组织运行巡视人员进行现场巡视，经工作人员巡视发现，110kV××线110号杆导线上有明显的放电烧伤痕迹。

（二）基本情况

1. 线路概况

110kV××线路全长27.083km，导线型号1～65号杆为LGJX-185/30，65～69号杆为LGJX-185/45，69～118号杆为LGJX-185/30，地线型号为GJ-35，全线共118基杆塔。线路于2003年12月建成投入运行，故障发生前该线路一直处于正常运行状态。

2. 天气及环境情况

故障发生时该故障区域为雷雨、大风天气，气温18～25℃。110kV×××线110号杆地处平原，附近均为农田，没有较高树木及建筑物。

3. 现场情况

资料显示：110kV××线110号杆为 ZH_1 -24m 混凝土电杆，导线采用 LGJX -185/30，地线型号为 GJ -35，地线线夹采用新型耐振线夹。

实况观测：巡视人员在现场发现110号杆导线、复合绝缘子均压环、地线线夹、横担、拉线抱箍、杆塔接地线螺栓均有较明显的放电烧伤痕迹，复合绝缘子经过外观检查，表面没有烧伤痕迹，如图4-9~图4-12所示。故障点下方没有发现烧伤的异物。

图 4-9   B 相导线上烧伤痕迹

图 4-10   均压环、导线放电痕迹

图 4-11   地线线夹烧伤

（三）原因分析

1. 初步原因分析

（1）雷击造成线路跳闸。

图 4 – 12　横担放电痕迹

（2）大风摆动造成线路跳闸。

（3）导线悬挂异物引起线路跳闸。

（4）地线金具使用不当引起线路跳闸。

2. 可能性分析

（1）现场技术人员查看了故障时该区域的雷电记录，故障发生时 110kV ××线 110 号杆附近，确实有落雷记录。结合巡视人员发现 110 号杆导线、地线、地线线夹、横担、拉线抱箍上有较明显的放电痕迹，技术人员推断此次跳闸故障属于雷击跳闸故障。

（2）线路运行技术人员，考虑到故障发生时该故障区域为雷雨、大风天气，可能引起大风摆动对塔身或横担放电。技术人员查看了该线路的施工记录，并在现场测量了导线对塔身及横担的参数，测量结果证明施工完全符合设计要求；同时技术人员对放电点进行测量，模拟故障发生过程发现放电位置不符合大风摆动造成导线对横担放电特征。因此排除大风摆动造成线路跳闸的可能。

（3）故障发生后线路运行管理单位，组织相关人员对故障点周边进行排查，故障区域均为农田，附近没有发现轻质漂浮物，故障点下方也未发现电弧烧伤痕迹及烧毁的异物，从现场检查情况来看，线路通道情况良好。因此排除导线悬挂异物引起线路跳闸的可能。

（4）线路运行管理部门针对地线线夹严重烧伤这一现象展开调查，发现架空地线采用耐振线夹固定（未装设专用接地线），在耐振线夹中间有一层半导体橡胶垫层，当雷击杆塔时，由于橡胶垫层的绝缘作用，避雷线的分流能力降低，接地线不足以将大量雷电流泄入大地，从而造成瞬间空气击穿线路跳闸。

因此判定：地线线夹使用不当及接地装置导通不良是造成线路跳闸的主要原因。

（四）暴露问题

（1）线路设计及施工中对金具的选择存在隐患。

（2）线路运行管理单位对接地电阻测量及输电线路防雷工作不到位。

（五）处理及预防措施

1. 处理情况

线路运行管理单位组织人员将该线路架空地线耐振线夹更换为普通地线线夹或加装引流线，更换杆塔接地线并测量接地电阻，确认达到运行要求。

2. 预防措施

（1）在线路新建或改建过程中，架空地线悬垂线夹尽量避免采用耐振线夹，尤其是多雷区域线路。

（2）加强输电线路防雷工作，对多雷区输电线路杆塔采取安装避雷器、减小杆塔接地电阻等措施，提高线路防雷水平。

二、并沟线夹选型不当故障

（一）故障简介

2006 年 12 月 6 日，线路运行管理部门对 110kV ××线进行特殊巡视及导线接头温度测量工作时，测量至 37 号（终端）杆时发现其 C 相引流线并沟线夹高温，该线路其余杆塔的导线接头无异常。

（二）基本情况

1. 线路概况

110kV ××线全长 10.086km，全线共计 37 基杆塔，其中铁塔 35 基，混凝土电杆 2 基。导线型号 1～33 号杆为 LGJ－240/30，33～37 号杆为 LGJ－185/30；地线型号为 GJ－50。该线路于 1989 年 10 月建成投运，其中 1～33 号杆为 1995 年改造线路。故障发生前该线路一直处于正常运行状态。

2. 天气及周边环境

故障当天天气晴，微风无持续风向，最高气温 7℃，最低气温－3℃。故障区域处于密集工业区，附近有 3 座化工厂，空气质量较差。

3. 现场情况

资料显示：110kV ××线 37 号耐张塔 A、B 相引流线为 JB－4 型并沟线夹，C 相引流线并沟线夹在 2005 年有更换记录，更换后的并沟线夹型号为 JB－3 型。

实况观测：19 时 20 分，37 号（终端）杆 C 相引流线并沟线夹处温度偏高，实测数值为 164℃。此时该条线路的实时负荷为 3.02 万 kW，现场测量人员立即将测量结果汇报工区生产调度，并继续对该条线路其余杆塔的导线接头进行测量，于 21 时 30 分测量完毕，无异常。21 时 55 分再次返回 37 号杆进行复测，此时实测温度已达 206℃，如图 4 - 13 所示，此时该条线路的实时负荷为 3.82 万 kW。拆下后的并沟线夹与导线接触部分有明显电弧放电痕迹，引流线导线损伤面积超过 40%，与并沟线夹接触缝隙有明显烧流痕迹，如图 4 - 14 所示。

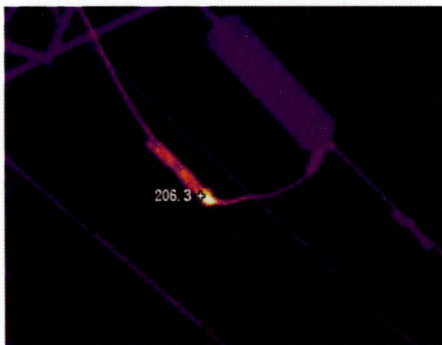

图 4 - 13　37 号杆红外测温照片　　　　　图 4 - 14　并沟线夹烧伤痕迹

（三）原因分析

1. 初步原因分析

（1）线路负荷超出线路设计值。

（2）并沟线夹螺栓松动。

（3）并沟线夹选型不当。

2. 可能性分析

（1）110kV ××线是为××工业区供电的重要线路，负荷波动较大，技术人员调阅故障发生时的负荷参数与线路设计参数比较，当天线路负荷均未超出线路设计值。因此排除线路负荷过大引起并沟线夹发热的可能。

（2）根据现场更换并沟线夹时检查线夹连接情况看，线夹各部位螺丝连接紧固，弹簧垫受力良好，没有发现螺栓松动现象，可以排除螺栓连接松动引起并沟线夹高温的可能。

（3）110kV ××线 37 号耐张塔 C 相引流线并沟线夹型号 JB - 3 型并沟线夹，而 LGJ - 185 型导线应配套使用 JB - 4 型并沟线夹。此工艺不满足

GB 50233—2005《110～500kV 架空输电线路施工及验收规范》的要求。检查故障相并沟线夹压板缝隙较大，导致并沟线夹与导线接触面积不足，且连接片缝隙积污严重。由于故障点位于化工厂附近线路运行时间过长，且受雨、雪、雾、有害气体及酸、碱、盐等腐蚀性尘埃的污染和侵蚀，造成并沟线夹氧化腐蚀，并沟线夹与导线接触不良，接触电阻增大，在负荷增大时急剧增温，并产生恶行循环使并沟线夹温升加快。

因此判定：并沟线夹选型不当使造成此次事故的主要原因。

（四）暴露问题

（1）并沟线夹选型不当引起并沟线夹发热。

（2）线路运行管理单位对设备的变更管理不到位。

（五）处理及预防措施

1. 处理情况

线路运行管理单位组织人员对发热引流线进行更换。同时排查线路中并沟线夹，对以小代大的全部进行更换。

2. 预防措施

（1）加大员工技能培训，让员工熟练掌握设备线夹的选型及安装工艺要求，避免在施工、检修过程中出现错误选型和安装不规范现象。

（2）加大工程施工现场监理和质检验收力度，发现问题及时采取措施，避免设备材料存在安全隐患挂网运行。

（3）加强对运行工况差的线路的巡视和测试力度，尤其注意红外测温工作的认真开展。

（4）在新建、改建的线路中推广应用液压式并沟线夹。以避免导线连接处接触电阻局部过高产生高温的可能性。

第四节　施工工艺故障

一、压接质量故障

（一）故障简介

2007 年 8 月 18 日，线路运行管理单位在检修过程中，现场检修人员在对 110kV ××线 26 号塔 A 相引流线及引流板检查时，发现该引流板压接表面不均匀，用手拉住引流线后，引流线从引流板处脱离。

（二）基本情况

1. 线路概况

110kV ××线全长 3.61km，全线共计 32 基杆塔，其中铁塔 20 基，混凝土电杆 12 基。导线型号为 LGJ－300/25，地线型号为 GJ－50。该线路于 1986 年 2 月建成投运，其中 2002 年和 2007 年经过两次技术改造。2007 年 4 月改造后，该线路一直处于热备用没有带负荷运行状态。

2. 天气及环境情况

故障区域一周天气情况为：晴、微风、无持续风向，最高气温 35℃，最低气温 28℃，26 号塔地处市区，故障点附近为居民区。

3. 现场情况

资料显示：故障跳线线夹型号为 NY－300/25、外径 $\phi40mm$、内径 $\phi25.3mm$、管长 110mm。

实况观测：故障引流板压接表面压接不均匀，引流线与引流板为脱离状态，如图 4－15 所示。引流线插入引流板只有 30mm，引流板有效压接长度为 15mm，如图 4－16、图 4－17 所示。

图 4－15　脱落的引流板

图 4－16　引流板内部压接痕迹

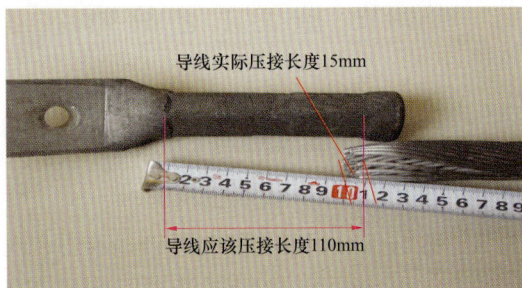

图 4－17　压接长度的测量

（三）故障原因分析

1. 初步原因分析

（1）压接管型号不匹配。

（2）压接质量问题。

2. 可能性分析

（1）故障相导线型号为 LGJ‒300/25 按照 SDJ 226—1987《架空送电线路导线及避雷线液压施工工艺规程》规定应采用 NY‒300/25 压缩型耐张线夹。线路管理部门对故障引流线进行检查，故障相采用的同样为 NY‒300/25 压缩型耐张线夹，符合规程规定。因此排除压接管型号不匹配造成故障的可能。

（2）线路管理部门对故障引流线进行测量，引流板的实际压接长度应为110mm，而脱落的引流线插入引流板只有 30mm，因此引流板有效压接长度仅为 15mm，远远不能满足压接技术要求。线路管理部门针对故障引流线来源进行调查，该引流线为王某在未经过培训且未取得压接资质的情况下进行压接的，引流线压接后，负责人未向线路管理单位申请该引流线的验收就投入运行。

因此判定：故障相压接长度不足是造成此次故障的主要原因。

（四）暴露问题

（1）线路隐蔽工程施工管理不到位。

（2）工程管理部门对施工单位及施工人员资质管理不到位。

（五）处理及预防措施

1. 处理情况

线路运行管理单位组织人员及时对故障引流线进行更换，同时对同批次其他引流线压接管加大红外检测力度，对出现异常的及时安排更换。

2. 预防措施

（1）加大工程施工单位资质管理，在进行压接、焊接等特种作业项目作业前，应严格进行施工人员资质审查，严禁无资质人员进行施工。

（2）加强隐蔽工程的现场监督和验收工作，做到施工单位、监理单位、运行维护单位三到位，并做好相关施工、监理和验收记录。

（3）建立施工一线特殊人才档案，（压接工、施工单位质检员、测量工）定期进行业务培训、考核。

二、T 接线夹安装质量故障

（一）故障简介

2005 年 10 月 22 日 10 时 12 分，某供电公司负责维护的 220kV ××线双高频保护动作跳闸，A 相故障，三相跳闸，重合闸后失败，测距距离 220kV ××变电站 2.3km。根据测距显示推算故障点应在 220kV ××线 8～10 号杆之间，经巡线，发现××线 9 号杆与××线分 1 号杆之间 T 接点处 A 相导线（双分裂）断线一根。

（二）基本情况

1. 线路概况

220kV ××线导线型号为 2×LGJ－185，地线型号为 GJ－50，该线路于 2005 年 7 月经过 T 接线改造后投入运行。在 2005 年 8 月进行的最后一次测温中未发现异常，故障发生前该线路一直处于正常运行状态。

2. 天气及环境情况

故障区域一周天气情况为天气晴好，微风，平均气温 20℃。故障区域位于平原丘陵地带，附近均为农田。

3. 现场情况

资料显示：T 接线导线与主线路导线一致，均为 2×LGJ－185 型钢芯铝绞线，T 接线夹采用 TL－41 型螺栓型 T 型线夹。

实况观测：故障点位于××线 9 号杆与××线分 1 号杆之间的 T 接点处，距××线分 1 号杆 18m。故障相为 A 相，A 相 2×LGJ－185 型导线断线一根，A 相 T 接线夹完全损坏，观察损坏情况为过热造成 T 接线夹部分熔化，导致导线脱落。故障情况详如图 4－18～图 4－20 所示。

图 4－18　故障点示意

（三）故障原因分析

1. 初步原因分析

（1）线路负荷超出设计值。

图 4 - 19　故障点现场

图 4 - 20　熔化的 T 接线夹

（2）T 接线夹安装不规范。

2. 可能性分析

（1）220kV ××线为 2005 年 7 月 T 接改造线路，该线路是某工业区重要供电线路，负荷波动较大，线路管理单位技术人员猜测可能是线路运行中传输功率大于线路设计值导致 T 接线夹过热烧熔。通过调阅故障发生当天的负荷参数记录，证明故障当天最大负荷没有超出线路设计值。因此排除线路负荷过大引起 T 接线夹发热熔化的可能。

（2）故障点 A 相 T 接线夹完全损坏，观察损坏原因为过热造成 T 接线夹部分熔化，导致导线脱落。A 相 T 接线夹与导线连接处有放电痕迹，说明 A 相 T 接线夹与导线连接不紧密，在缝隙处产生电火花是造成 T 接线夹融化的主要原因。技术人员推断T接线夹安装时螺栓连接不牢固，运行中T接线夹与导线接触不紧密发生放电，电火花使导线损伤，连接面缝隙扩大，电弧能量随之增大，最终导致T接线夹部分融化，导线脱落。

因此判定：T接线夹螺丝松动是引起T接线夹融化脱落的主要原因。

（四）暴露问题

（1）线路管理部门对线路隐蔽工程施工质量管理不当。

（2）施工人员对T接线夹安装不规范。

（五）处理及预防措施

1. 处理情况

线路运行管理单位组织人员对故障T接线夹进行更换，同时检查其他两相T接线夹连接情况，必要时予以更换。

2. 预防措施

（1）加大施工人员操作技能培训力度，让施工人员熟练掌握常见各种操作技能和施工工艺。

（2）加大施工现场监管力度，严格监督现场金具安装工艺正确，连接紧密牢固。

（3）对运行中的T接线夹及其设备连接金具定期进行测温，发现问题及时进行处理，避免问题进一步扩大。